中国博士后基金面上项目(2016M590515)资助
江苏省自然科学基金青年基金项目(BK20170282)资助

具有端部约束的钢筋混凝土梁火灾行为的计算方法

卢丽敏　袁　勇　禹海涛　著

中国矿业大学出版社

内 容 提 要

本书主要包括以下内容：钢筋混凝土结构抗火设计研究现状介绍，火灾高温下钢筋混凝土材料本构模型介绍及比较；钢筋混凝土构件截面温度场计算方法和过程；考虑端部约束的钢筋混凝土构件火灾动力响应（承载力和位移）的多步迭代计算模型的建立及其试验验证；基于多步迭代方法的钢筋混凝土梁耐火性能分析以及端部约束对受弯构件耐火性能的影响分析，对钢筋混凝土梁耐火性能研究的结论与展望。

图书在版编目(CIP)数据

具有端部约束的钢筋混凝土梁火灾行为的计算方法 / 卢丽敏，袁勇，禹海涛著. — 徐州 ：中国矿业大学出版社，2018.9

ISBN 978 - 7 - 5646 - 4111 - 5

Ⅰ. ①具… Ⅱ. ①卢… ②袁… ③禹… Ⅲ. ①钢筋混凝土梁—耐火性—结构计算—计算方法 Ⅳ. ①TU375.1

中国版本图书馆 CIP 数据核字(2018)第 202051 号

书　　名　具有端部约束的钢筋混凝土梁火灾行为的计算方法
著　　者　卢丽敏　袁　勇　禹海涛
责任编辑　马晓彦
出版发行　中国矿业大学出版社有限责任公司
（江苏省徐州市解放南路　邮编 221008）
营销热线　(0516)83884103　83885105
出版服务　(0516)83995789　83884920
网　　址　http://www.cumtp.com　**E-mail**:cumtpvip@cumtp.com
印　　刷　江苏凤凰数码印务有限公司
开　　本　787 mm×1092 mm　1/16　**印张** 8　**字数** 153 千字
版次印次　2018 年 9 月第 1 版　2018 年 9 月第 1 次印刷
定　　价　30.00元

前　言

近年来，随着科技的进步和城市化的发展，高大、新奇的建筑不断涌现，并且逐渐从单一建筑向综合体建筑发展，人员和物资密集，一旦发生火灾，造成的损失无疑是巨大的。钢筋混凝土结构广泛应用于各类建筑中，因此其结构和构件的抗火设计成为土木工程防灾减灾研究的重要课题。国内外学者对钢筋混凝土梁、板等受弯构件耐火性能和火灾响应的力学机理进行了广泛的研究，然而，单个构件，尤其是简支构件的抗火性能一直是大部分研究的主要焦点，这些研究为结构抗火设计提供初步的数据支持和理论指导。

结构是一个体系、一个系统，在火灾高温下，钢筋混凝土梁在整体结构中承受来自相邻梁和柱的轴向约束和转动约束，产生附加的轴压力、热膨胀引起的附加热弯矩和这些轴压力引发的二阶效应，这对结构的火灾响应和耐火性能甚至结构的整体稳定性都具有较大的影响。为了增强对整体结构中构件火灾行为的理解，研究更接近于实际工况的钢筋混凝土受弯构件的火灾动力响应，本书提出了一种基于多步迭代算法的钢筋混凝土梁火灾动力响应的计算模型，并基于既有的试验数据进行了验证。研究成果有助于完善钢筋混凝土结构抗火设计的理论和方法，为复杂结构的性能化抗火设计提供数值计算的依据。

本书的主要内容有以下几个方面：

(1) 基于既有的钢筋混凝土材料的高温物理力学性能进行归纳总结，分析钢筋混凝土材料在火灾高温下热工性能和强度的变化规律。

(2) 截面温度场计算。首先，进行火灾场景分析，给定不同的火灾升温曲线；其次，基于非线性温度场有限元理论和大型有限元软件，在给定火灾升温曲线下，计算每个时间步(本书以 30 s 为一步)横截面的温度场，根据上一个时间步内截面的温度分布分析材料的热工性能，进行下一个时间步的温度场计算；最后，对不同火灾升温曲线造成的截面温度场进行了对比分析。

(3) 建立结构火灾动力响应计算模型。根据各个受火时间步的截面温度场和钢筋混凝土材料的高温力学模型，建立截面的受力、变形平衡方程；基于弹塑性理论和多步迭代算法，求解截面轴力、弯矩平衡方程，从而计算出截面的等效受弯、受压刚度，求解构件的极限承载力；结合结构端部约束和各个受火时间步内钢筋混凝土梁的等效刚度矩阵，建立结点力和结点位移的变形平衡方程，求解结构各受火时间段内的变形。最后，利用 MATLAB 软件编制了计算程序，并利用既有的试验数据进行了验证，计算结果与试验结果吻合良好。

（4）火灾下钢筋混凝土梁端部约束的变化机理和简化计算方法研究。单个构件的端部约束在整体结构中如何简化出来，是首先要解决的问题。本书基于李国强教授常温下整体结构中构件端部约束的简化方法，进行了高温场景的修正。约束模型进行组合时，各个约束构件的刚度取决于构件在所分析的火灾场景中是否是受火构件，非受火构件刚度保持不变，受火构件刚度（需要通过截面分析方法重新进行计算）随温度的升高而降低，从而推导出火灾高温下构件端部约束的变化规律。

（5）端部约束对钢筋混凝土梁火灾响应的影响规律研究。基于端部约束的简化计算方法，简化出整体结构中钢筋混凝土梁端部的轴向约束和转动约束的刚度，并用轴向弹簧和转动弹簧进行模拟。利用多步迭代计算方法对具有不同约束刚度的钢筋混凝土梁，进行结构极限承载力和变形的计算分析，结果表明：增加转动约束可以控制钢筋混凝土结构高温下的变形，提高其极限承载力；而同时增加轴向约束，会减少这种有利影响，使结构由于压弯破坏而过早地达到破坏极限；对于转动约束较大的构件，由于端部约束会率先进入塑性铰，因此增大其端部的钢筋抵抗负弯矩是有效的抗火措施。最后，基于数值模拟和参数分析的结果，提出了具有端部约束钢筋混凝土梁的抗火措施和建议，为性能化抗火设计提供了理论依据。

本书在写作的过程中，得到袁广林、王勇、李庆涛、舒前进、李富民老师在科研方面给予的帮助，在此表示感谢。另外，感谢研究生李康、秦毓雯、张骞尹、梁天乐、段亚坤等人在书稿校核中的辛苦工作。

著　者

2018 年 6 月

目　　录

1　绪论 ………………………………………………………………………… 1
1.1　研究背景 ……………………………………………………………… 1
1.2　钢筋混凝土结构的抗火设计方法和规范要求 ……………………… 4
1.3　钢筋混凝土梁的火灾行为研究 ……………………………………… 8
1.4　钢筋混凝土框架梁的火灾行为研究………………………………… 13
1.5　本书内容……………………………………………………………… 15

2　钢筋混凝土材料高温物理力学性能…………………………………… 18
2.1　高温下混凝土的热工性能…………………………………………… 18
2.2　高温下混凝土的力学性能…………………………………………… 21
2.3　钢筋的热工性能……………………………………………………… 32
2.4　高温下钢筋的力学特性……………………………………………… 33
2.5　钢筋与混凝土的黏结强度…………………………………………… 36
2.6　本章小结……………………………………………………………… 37

3　火灾升温曲线及结构温度场分析……………………………………… 38
3.1　火灾升温曲线………………………………………………………… 38
3.2　钢筋混凝土结构温度场计算………………………………………… 45
3.3　钢筋混凝土结构温度场的算例分析………………………………… 50
3.4　本章小结……………………………………………………………… 55

4　钢筋混凝土梁火灾行为的数值计算方法……………………………… 56
4.1　引言…………………………………………………………………… 56
4.2　高温下截面平衡状态分析…………………………………………… 57
4.3　高温下结构响应的计算……………………………………………… 63
4.4　程序设计……………………………………………………………… 66
4.5　基于既有火灾试验对数值方法的验证与分析……………………… 68

4.6 本章小结…………………………………………………………………… 75

5 火灾高温下框架梁端部约束的简化计算方法……………………………… 77
5.1 引言……………………………………………………………………………… 77
5.2 火灾高温下钢筋混凝土框架梁端部约束刚度的简化计算………… 78
5.3 某框架结构算例……………………………………………………………… 83
5.4 本章小结…………………………………………………………………… 88

6 端部约束对钢筋混凝土梁耐火性能的影响…………………………………… 89
6.1 引言……………………………………………………………………………… 89
6.2 具有端部约束的钢筋混凝土梁计算模型………………………………… 92
6.3 具有不同轴向约束但无转动约束的梁的火灾行为……………………… 95
6.4 具有不同梁端转动约束但无轴向约束的梁的火灾行为………………… 98
6.5 具有不同梁端轴向约束和转动约束的梁的火灾行为 …………… 100
6.6 本章小结 ……………………………………………………………… 104

7 结语 …………………………………………………………………… 106

参考文献………………………………………………………………………… 109

1 绪 论

1.1 研究背景

火灾发生频率在各类灾害中高居榜首，是世界各国人民所面临的一个共同的灾难性问题。近年来，随着科技的进步和城市化的发展，高大、新奇的建筑不断涌现，并且逐渐从单一建筑向综合体建筑发展，人员和物资密集，一旦发生火灾，造成的损失无疑是巨大的。从《中国消防年鉴》[1]和《世界防火年鉴》[2]关于2007～2015年的火灾数据统计对比中发现，火灾发生的总数、死亡人数、受伤人数和直接财产损失均在逐年增长，并没有随着科技的发展而降低。例如，2010年11月15日，上海静安区高层住宅发生大火，导致58人遇难；2013年10月11日，北京石景山区喜隆多商场发生火灾，过火面积约1 500 m²；2015年1月2日，黑龙江省哈尔滨市道外区太古街道某陶瓷大市场发生火灾，起火原因是电暖气超负荷，火灾扑救过程中，起火建筑多次坍塌，坍塌面积3 000 m²，造成5名消防员遇难、14人受伤；2015年8月12日，天津港发生火灾爆炸事故，是近年来中国最严重的安全事故之一；2017年2月25日，江西省南昌市红谷滩白金汇海航酒店发生火灾，事故造成10人死亡、13人受伤；2017年6月14日，位于伦敦北肯辛顿格伦费尔大厦因火灾导致整个24层大楼被大火吞噬，造成79人死亡。建筑火灾场景如图1-1所示。

钢筋混凝土结构是目前建筑行业内最重要的结构形式，在城市地下建筑结构、多层建筑、高层建筑及超高层建筑中被普遍应用，其在火灾情况下的动力响应将直接影响整体结构的稳定，因而对钢筋混凝土结构和构件的耐火性能及抗火设计研究是我国建筑结构防灾减灾研究的一个重要部分。钢筋混凝土梁是钢筋混凝土结构中的重要水平承重构件，直接影响着整体结构的承载水平和整体稳定性，国内外学者对钢筋混凝土梁等受弯构件耐火性能和火灾响应的力学机理进行了广泛的研究，单个构件的抗火性能一直是大部分研究项目的主要焦点[3,4]，这些研究为结构抗火设计提供初步的数据支持和理论指导。

在火灾高温下，钢筋混凝土梁在整体结构中承受来自相邻梁和柱的轴向约

(a)

(b)

(c)

(d)

(e)

(f)

图 1-1　建筑火灾案例

(a)上海静安区高层住宅火灾现场;(b) 北京石景山区喜隆多商场火灾现场;
(c) 天津港火灾爆炸事故现场;(d) 哈尔滨陶瓷市场火灾场景;
(e) 南昌白金汇海航酒店火灾现场;(f) 伦敦格伦费尔大厦火灾前、火灾中对比图

束和转动约束,产生附加的轴压力、热膨胀引起的附加热弯矩和这些轴压力引发的二阶效应。这些热约束力对钢筋混凝土构件和结构的耐火性能有重要的影响[5,6]。Lim 等[7,8]针对钢筋混凝土连续梁的耐火性能进行了一系列的研究并开展了抗火试验。研究表明,轴向约束对构件耐火性能的影响与轴向约束的作用中心相关,当作用中心低于构件截面中和轴,则有利于提高构件耐火性能,反之则不利。而转动约束则有利于提高受弯构件的耐火性能。Kodur 等[9,10]提出了计算混凝土梁抗火性能的 M-k(弯矩-曲率关系)方法。他们的研究表明,一般

情况下，钢筋混凝土梁的耐火性会由于轴向和转动约束而增大。比利时列日大学的 Franssen[11] 开发了有限元计算软件 SAFIR，将温度计算和结构分析分开计算，并用该软件计算了约束钢结构、钢筋混凝土结构的火灾响应。Bernhart[12] 利用 SAFIR 有限元软件进行了二维的钢筋混凝土梁火灾响应的模拟，考虑了不同的端部约束的影响。他们的计算重点在于对比端部约束力在标准火灾曲线下的变化情况。Anderberg 等[13] 开发了有限元计算软件 CONFIRE，并且用其计算了钢筋混凝土结构的火灾响应，他们分析了在简支梁上附加轴向约束，分析结果显示轴向约束不会提高钢筋混凝土梁的耐火性能。Issen 等[14] 开展了附加轴向力的钢筋混凝土梁的火灾试验，试验表明附加一定程度的轴向约束可以延长钢筋混凝土梁的耐火时间。Cooke[15] 做了一组有端部约束的钢筋混凝土板的火灾试验。结果表明轴向约束力降低了板在火灾下的破坏风险，有效提高了其耐火性能。韩蕊等[16] 研究了受轴向约束的钢筋混凝土 T 型梁耐火性能，结论显示轴向约束增加了约束梁的耐火极限，轴向约束越大，内力重分布现象越明显。Paolo[17] 的研究表明，当钢筋混凝土梁受转动约束时，其耐火性相比简支梁增大，然而，此时火灾中弯矩的再分配也可能会导致在负弯矩区域的混凝土压缩破坏。因此，不能简单地得出受约束的构件具有更好抗火性能的结论，有必要进一步研究具有端部约束的钢筋混凝土梁的耐火性能。

同时，在火灾蔓延和相邻构件受火劣化等因素的影响下，钢筋混凝土梁的端部约束是非定常约束。端部约束刚度随时间的变化即端部约束的非定常性，将直接影响框架梁在受火升温过程中的内力重分布和位移等火灾响应。陈东生等[18] 利用 ANSYS 的热分析模块对钢筋混凝土结构的温度分布和随时间的变化情况进行数值计算。结果表明，不论荷载水平和梁柱线刚度比如何，梁端弯矩都出现了由正到负再由负变正的过程，且梁柱线刚度比较小时，负弯矩有一段极值平台。王广勇等[19,20] 对钢筋混凝土框架结构及钢筋混凝土梁柱节点的耐火性能进行了研究。结果表明火灾的分布位置及破坏时的梁内轴力大小是影响框架破坏形式的关键因素。卢锦钟[21] 开展了高温下钢筋混凝土子框架的框架梁内力研究。结果表明高温下框架梁的轴力比和梁端弯矩均呈现出先逐渐增大而后逐渐减小的趋势，梁端弯矩随梁截面宽度的增加而增大。因此，探索钢筋混凝土梁端部约束随火灾发展蔓延情况的变化规律，深入研究火灾下结构构件之间的协同工作性能和约束对钢筋混凝土受弯构件抗火性能的影响，对钢筋混凝土结构火灾行为研究和结构抗火设计具有重要的理论和实际指导意义。

本书以钢筋混凝土梁为研究对象，理论分析火灾条件下钢筋混凝土梁端部约束的变化机理，基于多步迭代算法建立具有端部约束的钢筋混凝土梁火灾动力响应的数值模型并通过既有试验数据进行了验证，通过对不同约束工况下钢筋混凝土梁火灾响应的数值计算，对比分析了端部约束对钢筋混凝土梁耐火性能的影响。研究成果有助于完善我国钢筋混凝土结构性能化抗火设计的理论和方法，为复杂结构的性能化抗火设计提供科学依据。

1.2 钢筋混凝土结构的抗火设计方法和规范要求

根据结构的复杂程度和规模，钢筋混凝土结构的抗火设计方法可以从三个层次上对结构性能进行评估：① 构件分析；② 子结构分析；③ 整体结构分析。

(1) 构件分析。对于构件分析，为了模拟由于热膨胀而产生的力，必须使用与结构单元中期望的结构相似的边界条件。然而由于边界条件的简化，火灾行为与试验或计算结果之间可能存在巨大差异。在一个具体的工程中，构件可能处于典型的周围建筑物约束的情况下，轴向约束和转动约束均可采用具有不同刚度的弹簧来模拟(见图 1-2)。在轴向约束下，梁由于受力膨胀而产生轴向压缩推力。推力与火灾条件下产生的挠度相结合会引发二阶效应。

图 1-2 轴向约束梁($K=0, EI/3L, EI/2L, EI/L, \infty$)

对于连续结构中受转动约束的构件，假设火灾仅影响一个跨度(表 1-1)，也可同时考虑各种轴向约束的影响。对于这些受转动约束的构件，温度梯度会在夹紧端产生弯矩。正常使用荷载和附加弯矩叠加在一起会增加支座的力矩，并可能导致构件端部出现意外破坏。

表 1-1　转动约束梁模型($K=0, EI/3L, EI/L, \infty$)

元素类型	约束	简化模型
单跨梁	$K=0$	
两跨梁的一跨	$K=EI/L$	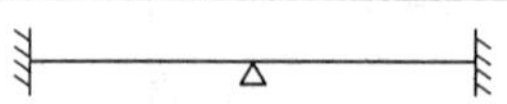
多跨梁的端跨	$K=EI/3L$	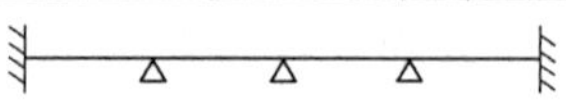
两端固定梁	$K=\infty$	

(2) 子结构分析。为了克服单一构件的局限性，结构抗火性能的研究可以拓展到钢筋混凝土子结构的层次上。欧洲规范 2(以下简称“欧规 2”)[22,23]指

出，整体结构可以按照结构功能分区划分为多个子结构。通过这种方式，火灾期间热膨胀和变形的相互作用可以通过与时间无关的支承和边界条件来近似描述。由于子结构的尺寸超过标准火灾炉的试验能力，因此钢筋混凝土子结构的火灾试验研究比较少。

(3) 整体结构分析。预测钢筋混凝土结构火灾响应最准确的方法是通过足尺试验或模型对整体结构进行评估，可以更加符合实际情况地研究力的重新分布和约束热膨胀的影响。但由于试验条件限制，受数值计算复杂等因素的影响，整体结构的研究具有局限性。

1.2.1 欧规 2 中的设计方法

欧规 2[23] 中有两种结构抗火设计的方法，即规范性设计和基于性能的设计，提供了构件抗火基本要求的列表数据、简单计算方法和高级计算模型。高级计算模型适用于部分和整体结构的分析。简单计算方法不适用于复杂结构。对于基于性能的设计方法，第一步是选择相对应的火灾模型，然后，采用与规范性设计相同的方法进行验证。

1. 抗火基本要求的列表数据

欧规 2 第 5 部分的表格给出了特定抗火性能下构件的最小尺寸和与钢筋的轴距，其中包括耐火性 R、完整性 E 以及和绝缘 I 有关的参数。列表数据方法对于绝大多数结构是适用的，理想情况下可供在使用简化或高级计算方法之前查阅。列表数据为暴露在 ISO-834 标准火灾情况下 240 min 内的结构耐火设计提供了公认的解决方案。

2. 基于极限状态分析的简化计算方法

欧规 2 中提供了两种简化计算方法：500 ℃法及分区法。这两种方法都建立在有效截面分析的基础上。

(1) 500 ℃法。500 ℃法基于如下假设：所有温度超过 500 ℃的混凝土都失去强度，并且 500 ℃以下的混凝土与 20 ℃时的混凝土其强度相同，然后用有效部分(截面上仍然有强度的混凝土部分)进行设计，而钢筋的强度则随着实际温度而降低。由此可以计算极限承载力和变形。这种方法简单方便且对一般受火工况都有效。然而由于它忽略了 500 ℃及以上区域内混凝土的所有强度，有时截面会缩减太多，导致计算结果过于保守。

(2) 分区法(Hertz 法)。分区法将横截面细分为几个等效厚度层($N\geqslant3$)，并通过每个区域的平均温度来衡量混凝土强度的降低。基于每个区域的温度，可以确定损坏区域和减缩截面的剩余强度。与 500 ℃等温线方法相比，这种方法更精确但也更加费力。对于标准火灾，FIP-78、ACI-81、Wade-91 和欧洲规范

(EC2-02)可以找到普通结构构件的温度等值线。对于标准火灾以外的火灾情况,应使用适当的计算机程序确定温度分布。

3. 高级计算方法

高级计算方法适用于国家法规不适用的复杂结构,如体育场馆、展览厅或机场候机楼,欧规 2 对此提供了一般性的指导。这些方法将火灾导致的结构温度场以及荷载和温度对结构构件的综合影响联系起来,预测火灾中整个建筑物行为,非常重要的情况下,还必须考虑其他潜在的失效模式,例如锚固破坏或混凝土剥落。高级计算方法中,也考虑了混凝土的爆裂问题,但欧规 2 只区分混凝土爆裂和脱落两种类型。爆裂发生在受压的混凝土构件中,例如柱在混凝土混合物中水蒸气压力较高的早期阶段发生的火灾。在火灾的后期阶段,梁和板的张力区会发生脱落。根据欧规 2 中的规则,如果混凝土的含水量低于 3%(质量分数),则不太可能发生爆裂现象,因此普通强度混凝土不容易发生爆裂。当轴距(从结构构件表面到钢筋中心的混凝土保护层距离)不超过 70 mm 时,可以直接使用列表数据。若轴距大于 70 mm,则应增加钢筋,表面网格的间距应小于或等于 100 mm,直径应大于或等于 4 mm。

1.2.2 国际结构混凝土联合会(fib)规范中的设计方法

fib 规范(fib 规范 3, 1999;fib 规范 38, 2007;fib 规范 46, 2008)[24,25]中的抗火设计方法可按其复杂性和精确性的递增分为以下四类:

(1) 基于极限状态分析的简化计算方法。除了 500 ℃等温线有效截面法和分区法之外,还包括 Hertz 提出的更为详尽的有效截面法。

(2) 温度-结构有限元分析法。该模型假定温度场分析和结构分析之间无相互作用,湿度的影响也可以忽略不计。因此,这两个过程的分析(温度场和结构响应)分别进行。结果表明,在模型中考虑荷载引起的温度应变可以合理地预测简单构件的变形。根据有限元的类型和所采用的本构模型,可以计算出温度裂缝而导致的承载力的降低值。然而,由于缺乏湿度场的分析,无法有效评估水分的蒸发和混凝土的高温爆裂。

(3) 温度-湿度-应力场多场耦合有限元分析。该方法在完全集成的多场耦合模型中执行温度、湿度和力学性能的分析,能够预测混凝土的爆裂和混凝土的湿度状态。由于该模型可以模拟混凝土中的相变,因此可以对 PP 纤维的熔化和蒸发进行建模。

(4) 化学-温度-湿度-应力场多场耦合有限元分析。化学变化以及温度和质量变化过程中一个最基本的作用就是脱水。例如,临界温度为 374.15 ℃时水不作为液体存在,混凝土内的主要化学反应发生在碳酸钙的分解及二氧化硅组分的转化中。

现有的 fib 规范系统地介绍了混凝土的剥落现象，并总结出多种研究成果。在这些设计方法中，剥落分为六类：① 爆裂；② 骨料剥落；③ 表面剥落；④ 脱落剥落；⑤ 角剥落；⑥ 冷却后剥落。在实际工程中，对剥落现象没有明确的定义，对于不同的剥落形式还没有完整的理论模型。混凝土的爆裂受许多因素的影响：渗透性、混凝土龄期、混凝土强度、压应力、构件的约束、骨料的类型、骨料尺寸、开裂条件、钢筋、钢筋保护层、纤维掺量和空气夹带量等。由于隧道火灾温度-时间曲线升温更迅速且极值更高，混凝土的初始含水量 75%与建筑物初始含水量 55%相比通常较高，火灾升温速率更高，建筑火灾中混凝土表面加热率通常为 20～30 ℃/min，而在隧道火灾中该值可以上升到 250 ℃/min，所以隧道结构中混凝土的爆裂更严重。

1.2.3 ACI 规范中的抗火设计要求

ACI 216.1[26]对建筑构件的最小截面尺寸和钢筋混凝土保护层的最小厚度提出了规定性要求，这些要求随不同的混凝土类型和不同的耐火等级而变化。通过计算结构的等效厚度，然后在所提供的图表和表格中找到相应的耐火等级，即可得出混凝土构件或组件的耐火极限(基于传热终点)。

ACI 216.1 中还提供了计算受弯构件耐火性能的简化分析方法。该方法包括估算混凝土和钢筋的温度场，并在分析中使用这些温度下的材料性能。一旦确定该构件具有足够的等效厚度以满足传热终点，还必须确定钢筋是否有足够的保护层以防止钢筋过热，屈服强度降低到不再能够继续承担荷载。

国际建筑规范 IBC(2006)[27]根据 ACI 216.1 的规定，在第 720 节中对建筑构件进行了规定性要求。

1.2.4 当前规范中设计方法的局限性

对于暴露在标准火灾曲线(ISO-834 或其他曲线)下的简支构件，防火规范(EC2, fib, ACI)中的列表数据和简化计算方法都给出了较好的计算结果。由于所有这些方法都是基于构件的截面分析的，对钢筋混凝土简支构件的火灾行为预测的结果通常是保守的。对于约束构件，无论是基于简化模型还是高级模型，当前方法存在如下局限性：

(1) 高温下构件的约束条件不仅可以引起热膨胀从而引发高压应力，而且伴随着这些高压应力的构件的二阶效应也会增加它们失效的风险。目前的简化设计方法对于这些构件来说可能过于保守或不安全。文献研究表明，有关约束条件对钢筋混凝土结构抗火性能的影响规律的研究尤其是火灾试验研究较少。

(2) 由于材料性能的差异,不同的混凝土材料高温本构关系对钢筋混凝土结构的耐火性能影响不同,在简化计算方法中无法更好地体现材料的各个应变项对结构火灾响应的影响;同时钢筋混凝土黏结性能在火灾高温中弱化,其高温黏结滑移模型在简化计算方法中无法考虑,不能合理地预测结构的高温火灾行为。

(3) 简化计算模型不能考虑混凝土材料的高温爆裂性能。欧规 2 为混凝土的剥落提供了一些设计指导规范,并指出当混凝土的含水量小于 3%(质量分数)时不太可能发生剥落。尽管 1.1 节中引入的大部分火灾都有 100 mm 以上的剥落深度,这比混凝土保护层厚得多,但欧规认为,在可能出现剥落的情况下,该部件的设计应该假设局部失去了保护层的覆盖。fib 规范介绍了六种剥落现象,但得出结论认为,实际上在剥落和没有剥落之间没有明确的分界线,对于不同类型的剥落,没有成功的理论模型。

而高级计算模型如化学-温度场-湿度场-应力场等多场耦合方法可以分析混凝土的相变、内部应力应变等结果,从而更准确地模拟混凝土的高温爆裂问题,也可以考虑更多的影响因素。然而,这些类型的分析更偏向于微观材料的计算分析,对于结构设计来说太复杂了,而且对于钢筋混凝土的爆裂问题,尽管国内外学者进行了大量的研究,但其发生发展的规律仍然很难预测,设计规范中对此没有明确的指导。

(4) 大多数分析方法忽略了混凝土材料在高温下的火灾瞬态应变和徐变,而这些应变是总应变的重要组成部分。混凝土材料在高温下的瞬态应变和徐变已经有了一些研究成果,但这些参数如何影响结构性能,在耐火设计中忽略它们的影响是否过于保守仍不明确。

1.3 钢筋混凝土梁的火灾行为研究

为了解决结构与构件的抗火能力,目前的研究方法是在试验研究的基础上进行全面的理论分析,包括构建建筑材料的高温力学本构模型,确定火灾的温度-时间曲线,进行非线性的瞬态温度场分析以及构件和结构的高温力学响应升降温全过程分析,然后利用计算软件或者程序进行数值计算和参数分析。

1.3.1 温度场分析

了解混凝土结构中温度场分布及发展,是了解结构火灾行为的首要步骤。混凝土结构的传热过程是一个非线性瞬态问题,其控制方程是一个非线性抛物型偏微分方程,对于实际工程无法得到解析解,一般采用有限差分法和有限元法等数值解法。有限差分法只能考虑规则截面，不能考虑节点情况。有限元法可以很好地对二维和三维模型的内部温度场进行计算，并得到更精确的结果，使用也更为普遍。然而有限元法的计算过程更为复杂，数学基础与有限差分法相比还不够明确。许多计算程序都是采用有限差分混合法将结构分成有限元，然后用有限差分法对每一步进行分析。

Wilson 等[28]对结构瞬态温度场进行了大量的研究。Bathe[29]通过简化的非线性变分泛函，阐述了温度场传递过程并编制了有限元程序 ADINAT。Church 等[30]用简化的方法对钢筋混凝土梁的温度场及其在高温下的承载能力进行了研究。Huang 和 Platten 等[31,32]利用有限元模型预测了钢筋混凝土梁的温度场，计算了不同加热时间下的结构温度场。王勇等[33]在试验研究的基础上，利用热传导微分方程，求解了火灾温度作用下钢筋混凝土梁、板、柱的温度场和结构内部钢筋温度。查晓雄等[34,35]提出了两种不同方法：一种是对傅立叶热传导方程进行简化并求解，它只适用于矩形截面；另一种是充分考虑材料热工参数随温度的变化，考虑对流相辐射，利用非线性有限元方法求解热传导方程，能够考虑不同的热边界条件且精确度高，适用于钢结构、混凝土结构和组合结构的计算。屈立军[36]采用差分法计算了暴露于标准火灾(ISO-834)下的各类构件在不同受火温度、时间下的温度场，给出了部分数值解，适用于矩形截面。

1.3.2 结构响应分析和理论研究

基于结构温度场的计算结果和钢筋、混凝土材料的高温力学性能，便可以进行温度场与结构响应的耦合，求解结构极限承载力和高温火灾动力响应。

大型商业软件如 ABAQUS、ANSYS、DIANA 等在火灾性能研究领域中得到广泛应用。它们都有专门的温度计算模块。然而，这些程序使用了简化的材料特性，不能明确地模拟瞬态应变和徐变，不能考虑混凝土在高温下的剥落现象。

韩林海等[37,38]利用 ABAQUS 有限元软件提出了一种复杂结构和梁柱节点的计算模型。该模型可以用于分析简化的材料模型下节点的受力模式和相互约束。

Riva 等[39-42]对具有不同轴向约束的一系列矩形梁的火灾行为进行了理论研究和 ABAQUS 有限元计算(轴向约束的平动刚度为 0～∞)。研究表明，增加轴力有利于提高钢筋混凝土梁的耐火性能，忽略支承条件所提供的轴力可能导致设计偏于保守。

唐贵和等[43]利用 ABAQUS 有限元软件，对时变约束混凝土梁的升降温全过程内力变化进行了探讨，并与定常约束混凝土梁的相应结果进行了对比。结果表明：高温下时变轴向约束梁的最大轴力比小于定常轴向约束梁；高温下时变轴向约束梁的最大梁端弯矩与定常轴向约束梁几乎相同；时变转动约束下梁的轴力比和梁端弯矩随升降温时间的变化曲线都与定常转动约束下的相应曲线一致。

韩蕊等[16]建立了钢筋混凝土 T 型约束梁耐火性能分析的 ABAQUS 有限元计算模型，将分析结果与已有试验结果进行对比，验证了计算模型的正确性。同时，利用上述模型，考虑轴向约束的影响，研究高温下钢筋混凝土 T 型约束梁耐火极限、破坏形态、变形特点以及内力重分布现象。研究表明，轴向约束增加了约束梁的耐火极限；实际工程中轴向约束下框架梁的受火情况与简支梁、固接梁差别较大。

比利时列日大学的 Franssen 等[44]利用其自主开发的 SAFIR 有限元计算软件，计算分析了一系列受端部约束的钢结构和钢筋混凝土结构，对比分析了不同约束工况下结构在高温下的变形情况。Xavier 等[45]通过欧规 2 和 SAFIR 中的分区法比较了框架中梁和柱的抗火性能，分析了梁的热伸长对钢筋混凝土框架耐火性能的影响。Lim 等[46,47]利用 SAFIR 有限元软件进行了一系列的约束条件下钢筋混凝土板的受火性能模拟分析。分析表明：端部约束条件对单向板在火灾高温下的结构响应影响很大，添加了轴向约束的单向板的耐火性能相较于简支板得到显著的提升，添加了转动约束的单向板的耐火性能同样得到提高，但是没有添加了轴向约束的幅度大。结果还表明，即使轴向推力线位于靠近单向板变形的拱腹处，如果水平轴向约束不足，板的变形仍可能为悬链线。吴波、乔长江等[48-50]利用 SAFIR 程序开展了约束混凝土梁的升降温全过程轴力分析、弯矩分析，考察了转动约束刚度比、轴向约束刚度比、截面尺寸、荷载比、全截面配筋率和升温时间等参数对梁端弯矩的影响规律，给出了梁端弯矩的实用计算方法。

Terro[51]开发了 TEMP 和 STRUCT 两个用于火灾下混凝土结构三维分析的程序，其中 STRUCT 是基于 LUSAS 有限元程序（伦敦大学应力分析系统）的外壳内开发的。TEMP 程序用于温度场分析，然后将温度分布导入 STRUCT 中进行结构分析。

谢菲尔德大学开发了数值分析软件 VULCAN，从而用来研究整体结构火灾行为的三维分析[52,53]。该程序已在 Cardington 整体结构抗火试验的多项试验结果中得到了验证。Cai 等[54]利用 VULCAN 对不同形状的钢筋混凝土梁柱结构火灾行为进行了模拟。结论指出，VULCAN 可以有效模拟钢结构、混凝土和组合构件如钢筋混凝土梁和混凝土填充柱的火灾行为。

也有大量的学者自己编制结构火灾响应的计算程序：

Lu 等[55-57]使用非线性有限元方法编制了计算程序，模拟并分析了火灾高温下钢筋混凝土梁的内力、温度场和变形的变化，并通过试验验证了分析结果的正确性。

清华大学的 Yang 等[58]对简化截面法进行了修改，并提出了更精确的方法。他们将高温下的混凝土强度曲线简化为三个阶段：① 温度低于 300 ℃的混凝土，其强度等于常温强度；② 温度在 300～800 ℃之间的混凝土，其强度是常温强度的 1/2；③ 温度高于 800 ℃的混凝土强度为零。钢筋性质亦是如此。由于这种方法比分区法更容易，而且更准确，所以对于防火设计非常方便。

Bratina 等[59,60]基于应变的有限元方法分析了钢筋混凝土梁和柱的不同应变分布对火灾的影响，分别比较了热应变和瞬态应变下梁的挠度和耐火时间。研究表明：瞬态应变和徐变对简支梁的抗火时间影响不大，但对位移影响显著。

Dwaikat 和 Kodur 等[61-65]从性能化的角度出发，考虑了不同的火灾场景、混凝土保护层厚度、混凝土的材料参数、构件的荷载水平以及约束条件的影响，提出了分析混凝土梁高温反应的数值模型，并通过开展 2 根轴向约束混凝土梁和 4 根简支混凝土梁的明火试验对该模型进行了验证。分析表明，一般情况下，钢筋混凝土梁的耐火性会由于轴向和转动约束增大，传统的破坏准则对于评价高温下的混凝土梁可能已经不再保守，而应当附加考虑变形量和变形速率。

乔长江等[66]使用 FORTRAN 语言自编程序考察了混凝土梁截面抗弯承载力的变化情况，解释了升降温全过程中约束混凝土梁在较大的梁端弯矩作用下而没有发生明显破坏的现象。

1.3.3 试验研究

ASTM E119[67]建筑结构和材料防火试验标准方法是目前被广泛使用和认可的火灾试验方法，由美国材料和试验协会(American Society for Testing and Materials，简称为 ASTM)发布。该标准规定火灾试验是在试验炉中放置一个全尺寸的组件进行，屋面和楼板只有下方受火，钢筋混凝土梁三面受火，墙一侧受火而柱子四面受火。根据 ASTM E119 标准中的时间-温度曲线，在给定的时间内对火灾炉进行升温。试验结束时，当下列任何一种情况发生，即认为达到了试件的耐火极限。

(1) 对于墙、地面和屋顶构件，未受火面的温度在任何位置的平均温度比其初始温度 325 °F(165 ℃)高出 150 °F(65.5 ℃)。另外，达到 1 h 或更长时间的分类等级的墙壁必须能够经受软管蒸汽试验的冲击、侵蚀和冷却试验。

(2) 试验过程中，放置在墙壁、地板或屋面未受火侧的棉花废料通过裂缝被点燃。

(3) 试验构件达到了承载能力极限状态。

(4) 对于某些受约束的、无约束的楼层、屋顶和梁，钢筋温度上升到 1 100 °F (593.3 ℃)。

对混凝土结构高温性能的研究始于 20 世纪初，如 1925 年美国国家标准协会(American National Standards Institute，简称为 ANSI)对混凝土柱进行的火灾试验。但是对该项目的大量研究始于 20 世纪 50 年代。在 20 世纪 60 年代，许多国家已经建立了大型防火试验设备，并建立了许多耐火研究组：美国的波特兰水泥协会(Portland Cement Association，简称为 PCA)、美国建筑火灾研究实验室(Building Fire Research Laboratory，简称为 BFRL)和加拿大国家科学院(National Institute of Scientific Research，简称为 NISR)，他们在这方面都取得了很多成就。然而，由于试验条件的限制，关于具有端部约束的钢筋混凝土梁的火灾响应的试验信息有限。

Issen 等[14]通过开展附加轴向力的钢筋混凝土梁的火灾试验，指出附加一定程度的轴向约束可以延长钢筋混凝土梁的耐火时间，最大轴力与暴露在火灾下的试样的横截面、加热条件和混凝土的弹性模量成正比。在此试验的基础上，建立了迭代法计算确定最大有利轴向约束力，提出了从结构约束上提高钢筋混凝土梁耐火性能的建议。

Cooke 等[15]进行了一组有端部约束的钢筋混凝土板的火灾试验。试验在板截面的轴心添加了轴向约束力，结果表明轴向约束力降低了板在火灾下的破坏风险，有效地提高了其耐火性能。

Lim 等[8]针对钢筋混凝土连续板的耐火性能进行了一系列的研究并开展了抗火试验。研究表明，在火灾过程中约束对构件火灾条件下的内力重分布和构件的变形性能具有明显的影响。在约束处形成的开裂引起弯矩降低从而导致了抗弯刚度的降低。轴向约束对构件耐火性能的影响，与轴向约束的作用中心相关，当作用中心低于构件截面中和轴，则有利于提高构件耐火性能，反之则不利。而转动约束则有利于提高受弯构件的耐火性能。

陈礼刚[68]对 6 块钢筋混凝土三跨连续板进行了标准火灾场景下恒载受火试验研究，总结了各工况(边跨受火、中跨受火及相邻两跨受火)下板的变形规律、内力重分布情况及各工况下板的破坏形态，对静定结构与超静定结构抗火性能进行了对比分析。

高立堂[69]对 4 块简支板及 9 块连续板进行了抗火试验研究，考虑了预应力度、负弯矩筋长度以及受火工况(边跨受火、中跨受火及边中两跨同时受火)三个因素。

吴波等[70]在 ISO-834 标准升温条件下,开展了具有端部约束的 7 根碳纤维布加固混凝土梁和 1 根未加固混凝土梁的耐火性能试验,考察了梁端轴向和转动约束、防火涂料厚度、荷载比等参数对约束梁高温变形及内力的影响。

肖建庄[71]对三种标号的高性能混凝土深梁进行了火灾后的抗剪性能试验,并与常温下的受力性能进行了对比,给出了火灾高温后的高性能混凝土深梁的斜截面承载力的计算方法。

Liu 等[72]开展了具有端部约束的碳纤维布加固混凝土梁的高温反应分析,探讨了轴向/转动约束刚度比、梁截面尺寸、跨度、荷载比、加固量、配筋率、保护层厚度和防火涂料厚度等参数对 ISO-834 标准升温作用下约束加固梁轴力的影响规律。在此基础上,给出了一个高温下约束加固梁的轴力实用计算方法。

刘钦等[73]进行了 4 根缩尺钢筋混凝土约束梁三面受火的火灾试验,获得高温作用下的构件温度场分布,在构件常温冷却后进行了静力加载试验,并对不同火灾损伤级别的构件进行了极限承载力和刚度对比分析。结果表明,火灾损伤后钢筋混凝土约束梁承载力降低幅度不大,但刚度降低幅度较大。

1.4 钢筋混凝土框架梁的火灾行为研究

钢筋混凝土框架梁的火灾行为研究,能够更好地考察钢筋混凝土梁在整体结构或者子结构中的结构响应以及突发事故中与周围约束之间的协同作用。近些年,国内外学者对此开展了一些有意义的研究和探讨。

1.4.1 试验研究

英国 Cardington 实验室开展了 8 层足尺整体钢结构火灾试验研究及理论分析,研究了结构整体破坏特性、变形特点、耐火性能,并提出了整体结构抗火理论设计[74]。

陆洲导等[55]开展了五榀结构相同的单层双跨钢筋混凝土框架的耐火性能研究。结果表明,框架结构受火作用会产生较大的内力重分布。

时旭东等[75]开展了五榀三面受热的钢筋混凝土门式框架的试验,分析了高温下框架的变形和内力重分布规律、破坏特征以及极限承载力。结果表明,高温下框架结构的塑性铰出现次序、位置,以及破坏机构和极限承载力等与常温下的显著不同。内力在整个升温过程中经历了剧烈且复杂的重分布过程。

姚亚雄等[76]开展了五榀单层双跨混凝土框架的火灾试验研究。结果表明，温度越高，结构的变形和开裂就越严重，热膨胀的影响也越显著。对于超静定结构来讲，膨胀势必产生较大内力，加重结构破坏程度。

Ding 等[77,78]开展了钢管混凝土柱钢梁框架耐火试验的研究。研究表明，在框架的约束作用下，框架中钢梁的耐火极限大于独立的简支钢梁的计算结果，这表明考虑构件的边界约束条件在结构抗火设计时更能反映结构的真实受力特性。

吴波等[50]开展了三榀单层双跨约束钢筋混凝土框架在 ISO-834 标准升温过程下的明火试验，考察了框架的高温反应及其破坏形态，分析了约束钢筋对框架耐火性能的影响。

谭清华[79]通过火灾后型钢混凝土框架的力学性能试验，提出了火灾后型钢混凝土框架柱的计算长度系数，并建议给出型钢混凝土柱计算长度系数的实用计算方法。

邱俊男[80]采用地铁车站特有的升温曲线，并根据地下结构实际情况施加双向荷载，获得了典型地铁车站结构在火灾作用工况下结构表观损害情况、结构内部的温度场分布情况和结构的动力响应特性。

Ring 等[81,82]进行了隧道钢筋混凝土支护结构的整体性火灾试验及建模分析，为评估地下支护结构安全提供了数值及模拟依据。

1.4.2 数值模拟及理论研究

姚亚雄等[83]在钢筋混凝土框架模拟火灾试验和混凝土高温下本构关系试验基础上，根据不稳定热传导理论和非线性直接刚度法，对钢筋混凝土框架在火灾进程中的温度反应和结构反应进行了非线性有限元分析。研究表明，升温段由于温度急剧变化使得构件刚度迅速衰减，热膨胀影响较大，从而导致结构变形显著增加；恒温段构件内部升温速度减缓，增加的变形则主要来自钢筋和混凝土的徐变。

吴波等[84,85]对单层三跨钢筋混凝土框架进行了数值模拟。结果表明，随梁柱线刚度比和柱轴力比的增大，框架梁的轴向压力逐渐加大；高温下框架梁的轴力和梁端弯矩变化较大，结构发生较剧烈的内力重分布。

朱国朋[86]采用等效截面法推导了钢筋混凝土梁柱高温极限承载力的简化计算公式，并以此为基础，推导出一种火灾下钢筋混凝土框架结构内力和变形计算方法。

陈适才等[87]基于建筑结构分析中常用的纤维梁单元，建立了钢筋混凝土梁、柱构件的火灾破坏数值模型。对单层单跨混凝土框架进行火灾反应分析，并与试验结果进行比较，验证了此数值模型的准确性。结果表明，纤维梁单元模型可以较好地模拟钢筋混凝土结构的受火破坏过程，并且火灾发生的位置不同，结构的破坏机制也不同，一定条件下蔓延的火灾比不蔓延的火灾对多层混凝土框架结构的破坏性更大。

卢锦钟[88]以约束钢筋混凝土子框架作为分析对象，针对不同梁截面尺寸和配筋率、梁跨度、侧向/竖向/转动约束刚度比等情况，利用自编程序开展了高温下约束子框架的框架梁内力研究。研究结果表明：高温下框架梁的轴力比和梁端弯矩均呈现出先逐渐增大而后逐渐减小的趋势；随着侧向约束刚度比增加，轴力比明显增大；梁截面宽度越小，轴力比的增长速率越快且更早达到其峰值；随着梁截面宽度增加，梁端弯矩明显增大。

周侃等[89]建立了升降温全过程火灾作用下，钢管混凝土柱、钢筋混凝土梁框架的 ABAQUS 有限元计算模型。研究表明，组合框架不仅会在升温过程中破坏，也会在降温过程中破坏。该组合框架是否会在降温段发生破坏，与梁荷载比、柱荷载比和升温时间比有关。

陈东生[90]利用 ANSYS 的热分析模块对钢筋混凝土构件和结构的温度分布以及随时间的变化情况进行数值计算。结果表明：随着温度的升高，梁柱线刚度比较小的框架柱底剪力先下降再升高，而梁柱线刚度比较大的框架柱底剪力总体呈现一个增长的趋势，并没有一个明显的下降段；不论荷载水平和梁柱线刚度比如何，梁端弯矩都出现了由正到负再由负变正的过程，且梁柱线刚度比较小时，负弯矩有一段极值平台。

夏敏等[91]以 ABAQUS 通用有限元软件为开发平台，利用 Python 脚本语言对其进行二次开发，建立混凝土框架火灾受损分析系统（ASFCF）。结果表明，ASFCF 系统可以较为准确地进行火灾后空间混凝土框架的损伤、修复与加固后的力学性能分析。

王广勇等[20,92,93]建立了不同火灾工况下多层多跨型钢混凝土平面框架结构耐火性能的 ABAQUS 有限元模型，探讨了平面框架结构整体的耐火极限和构件耐火极限之间的关系。结果表明：火灾下型钢混凝土平面框架存在三种典型的破坏形式；火灾的分布位置及破坏时的梁内轴力大小是影响框架破坏形式的关键因素。

Elnaz 等[94]建立了四层钢框架结构有限元分析模型，模型中局部区域受高温作用。研究表明，由于非受火构件比相应受火构件的刚度大，在受火构件发生弯曲变形而破坏时，荷载由受火构件转移至非受火构件，整个结构在这种状态下保持受力平衡状态。

1.5 本书内容

综上文献调研表明，尽管国内外学者对钢筋混凝土非约束、约束梁构件、框架结构中梁构件等进行了大量的试验研究、数值模拟及理论分析，取得了丰富的成果，但随着结构形式的日益复杂和性能化抗火设计的要求，仍然有以下问题需要进行深入的研究：

（1）由于钢筋混凝土高温材料本构关系较为复杂，尤其是混凝土考虑的应变项较多，各个应变项对构件和结构的影响研究目前仍然有待完善。大型有限元软件 ABAQUS、ANSYS、DIANA 等虽然提供了热力分析和结构耦合等功能，但是由于内部计算的不可见性以及大型结构计算容易不收敛等问题，若要真正了解各个因素对构件和结构的影响，仍然需要编制非线性分析程序来完成。

（2）国内外学者对于钢筋混凝土梁耐火性能研究多为简支构件或定常约束构件，多以在简支梁端附加约束力以模拟实际构件的端部约束，为数不多的大型结构火灾试验虽然更加能够反映整体结构在实际火灾下的结构响应，但并没有单独讨论火灾下结构构件之间的约束作用和协同作用。

（3）研究表明，结构火灾过程中，钢筋混凝土梁的端部约束会受到火灾蔓延的影响随时间、温度而变化，目前关于具有端部约束钢筋混凝土梁的耐火性能的有限元分析并没有统一公认的定性结果，对于整体结构中钢筋混凝土梁端部约束随火灾发展蔓延的变化规律以及约束对钢筋混凝土梁火灾行为的影响规律仍然需要进一步的研究。

为了解决以上问题，有必要开发一种更为方便和准确的结构火灾行为数值计算方法，该方法将高温下混凝土的各项应变模型考虑在内，以提高对不同约束条件影响的认识，探讨约束效应对结构火灾行为的影响。本书主要介绍了以下几方面的内容：

（1）基于既有的钢筋混凝土材料的高温物理力学性能进行归纳总结，分析钢筋混凝土材料在火灾高温下热工性能和强度的变化规律，详见第 2 章。

（2）截面温度场计算。首先，进行火灾场景分析，给定不同的火灾升温曲线；其次，基于非线性温度场有限元理论和大型有限元软件，在给定火灾升温曲线下，计算每个时间步（本书以 30 s 为一步）横截面的温度场，根据上一个时间步内截面的温度分布分析材料的热工性能，进行下一个时间步的温度场计算；最后，对不同火灾升温曲线造成的截面温度场进行了对比分析，详见第 3 章。

（3）建立结构火灾动力响应计算模型。根据各个受火时间步的截面温度场和钢筋混凝土材料的高温力学模型，建立截面的受力、变形平衡方程；基于弹塑性理论和多步迭代算法，求解截面轴力、弯矩平衡方程，从而计算出截面的等效受弯、受压刚度，求解构件的极限承载力；结合结构端部约束和各个受火时间步内钢筋混凝土梁的等效刚度矩阵，建立结点力和结点位移的变形平衡方程，求解结构各受火时间段内的变形。最后，利用 MATLAB 软件编制了计算程序，并利用既有的试验数据进行了验证，计算结果与试验结果吻合良好，详见第 4 章。

(4) 火灾下钢筋混凝土梁端部约束的变化机理和简化计算方法研究。单个构件的端部约束在整体结构中如何简化出来，是首先要解决的问题。笔者基于李国强教授在常温下整体结构中构件端部约束的简化方法的基础上，进行了高温场景的修正。约束模型进行组合时，非受火构件刚度保持不变，受火构件刚度需要通过截面分析方法重新进行计算，随温度的升高而降低，从而推导出火灾高温下构件端部约束的变化规律，详见第 5 章。

(5) 端部约束对钢筋混凝土梁火灾响应的影响规律研究。基于端部约束的简化计算方法，简化出整体结构中钢筋混凝土梁端部的轴向约束和转动约束的刚度，并用轴向弹簧和转动弹簧进行模拟；利用本书所提出的多步迭代计算方法对具有不同的约束刚度的钢筋混凝土梁，进行结构极限承载力和变形的计算分析，基于数值模拟和参数分析的结果，提出了具有端部约束钢筋混凝土梁的抗火措施和建议，为性能化抗火设计提供了理论依据，详见第 6 章。

2 钢筋混凝土材料高温物理力学性能

火灾高温下，钢筋混凝土的热工性能和力学性能会发生明显的变化，材料热工性能的变化会影响结构内部温度场的分布，而材料力学性能的变化将直接影响结构和构件的火灾动力响应。国内外学者对于钢筋和混凝土材料的高温物理、力学性能进行了广泛的试验研究，提出了不同的理论模型。

2.1 高温下混凝土的热工性能

进行混凝土结构内部温度场的计算时通常认为混凝土是各向同性材料。它的热工性能可以通过三个特性来描述：导热系数、比热容和密度。

2.1.1 混凝土的导热系数

混凝土的导热性能与其传递热量的能力有关，由单位温度梯度下通过单位面积的热能传递速度来计算，单位是 W/(m·K)。通常混凝土的导热系数会随着温度的升高而降低，硅质骨料的混凝土的导热系数大于钙质骨料混凝土，轻质混凝土的导热系数最小。下文列出了常用的导热系数模型。

1. 欧规 2 中的导热系数模型

欧规 2[23]将混凝土的总热传导率作为影响混凝土导热系数的因素，它提供了上限值和下限值，所有不同的值都应在这两条线之间。普通重量混凝土的导热系数的上限应由公式(2-1)确定，下限由公式(2-2)确定，如图 2-1 所示。

$$\lambda_c = 2 - 0.2451\frac{\theta}{100} + 0.0107\left(\frac{\theta}{100}\right)^2 \quad 20\ ℃ \leqslant \theta \leqslant 1\ 200\ ℃ \tag{2-1}$$

$$\lambda_c = 1.36 - 0.136\frac{\theta}{100} + 0.0057\left(\frac{\theta}{100}\right)^2 \quad 20\ ℃ \leqslant \theta \leqslant 1\ 200\ ℃ \tag{2-2}$$

式中 λ_c——混凝土的导热系数；

θ——混凝土的温度。

2. Lie 等提出的导热系数模型

Lie[95,96]等的研究表明，骨料对混凝土导热系数的影响不重要，公式(2-3)给

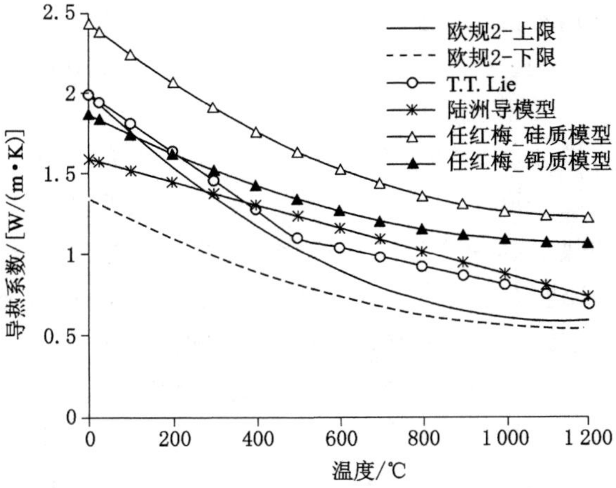

图 2-1 混凝土在高温下的导热系数

出了适用于所有骨料类型的混凝土导热系数的一般模型。

$$\lambda_c=\begin{cases}2.0-0.001\ 775\theta & 0\ ℃\leqslant\theta\leqslant 500\ ℃\\ 1.402-0.000\ 579\theta & 500\ ℃<\theta\leqslant 1\ 000\ ℃\end{cases} \tag{2-3}$$

3. 陆洲导等提出的导热系数模型

朱伯龙、钮宏、陆洲导等[97,98]通过试验研究，推导出普通混凝土的导热系数模型，如公式(2-4)所示：

$$\lambda_c=1.6-7.1\times10^{4}\theta \quad 20\ ℃\leqslant\theta\leqslant 1\ 200\ ℃ \tag{2-4}$$

4. 高性能混凝土的导热系数模型

任红梅[99]修改了 Campbell-Allen 和 Thorne 的材料模型，提出了适用于高性能混凝土的导热系数随温度变化的公式。公式(2-5)和公式(2-6)分别为硅质骨料混凝土和钙质骨料混凝土的导热系数公式。

$$\lambda_c=2.44-0.24\frac{\theta}{120}+0.012\left(\frac{\theta}{120}\right)^2 \quad 20\ ℃\leqslant\theta\leqslant 1\ 200\ ℃ \tag{2-5}$$

$$\lambda_c=1.88-0.16\frac{\theta}{120}+0.008\left(\frac{\theta}{120}\right)^2 \quad 20\ ℃\leqslant\theta\leqslant 1\ 200\ ℃ \tag{2-6}$$

2.1.2 混凝土的比热容

比热容是指 1 kg 的混凝土温度升高（或降低）1 K 所需要的热量，用 c_c 表示，单位为 J/(kg·K)。研究表明，混凝土的骨料类型对混凝土的比热容影响不大。

(1) 欧规 2[23]中提供了干硬性混凝土($u=0\%$)的比热容,认为其对于硅质和钙质骨料混凝土均有效,如公式(2-7)所示。

$$c_c=\begin{cases}900 & 20\ ℃\leqslant\theta\leqslant 100\ ℃\\ 900+(\theta-100) & 100\ ℃<\theta\leqslant 200\ ℃\\ 1\,000+(\theta-200)/2 & 200\ ℃<\theta\leqslant 400\ ℃\\ 1\,100 & 400\ ℃<\theta\leqslant 1\,200\ ℃\end{cases} \tag{2-7}$$

由于混凝土加热过程中产生水蒸气,含水量对混凝土的比热容具有显著的影响。因此,欧规 2 建议对具有给定含水量的混凝土的比热容曲线进行修正。当含水量变化时,比热容曲线在 100～200 ℃之间的部分有所不同。这部分比热容的函数可划分为线性上升到一个峰值,再线性下降两段,不同含水量的混凝土具有不同的峰值 $c_{c,\,peak}$(峰值),该峰值位于 100～115 ℃之间。

含水量占混凝土质量的 0%时,$c_{c,peak}=900$ J/(kg·K);

含水量占混凝土质量的 1.5%时,$c_{c,peak}=1\,470$ J/(kg·K);

含水量占混凝土质量的 3%时,$c_{c,peak}=2\,020$ J/(kg·K)。

3 种不同含水量混凝土的比热容与温度的函数关系如图 2-2 所示。

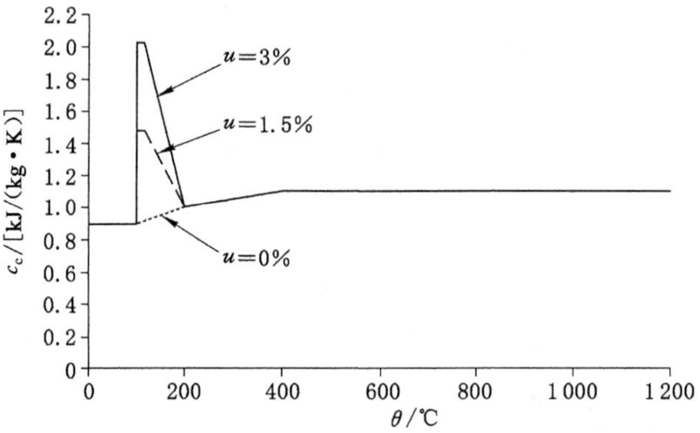

图 2-2　3 种不同含水量混凝土的比热容与温度的函数关系
(含水量占混凝土质量的 0%、1.5%、3%)(欧规 2,2004)

(2) 朱伯龙、钮宏、陆洲导等提出的比热容计算方法见式(2-8)。

$$c_c=836+0.49\theta \quad 20\ ℃\leqslant\theta\leqslant 1\,200\ ℃ \tag{2-8}$$

(3) Lie 等[95,96]结合密度和比热容,提出了体积比热容的表达式,见式(2-9)。

$$\rho_c c_c=\begin{cases}(1.70+0.005\theta)\times 10^6 & 0\ ℃\leqslant\theta\leqslant 200\ ℃\\ 2.70\times 10^6 & 200\ ℃<\theta\leqslant 400\ ℃\\ (-2.5+0.013\theta)\times 10^6 & 400\ ℃<\theta\leqslant 500\ ℃\\ (10.5-0.013\theta)\times 10^6 & 500\ ℃<\theta\leqslant 600\ ℃\\ 2.70\times 10^6 & \theta>600\ ℃\end{cases}\tag{2-9}$$

其中，ρ_c 表示混凝土的密度。

(4) 任红梅[99]基于欧规 2 的模型，给出了高性能混凝土比热容的计算公式，见式(2-10)。

$$c_c=892+80\,\frac{\theta}{120}-4\left(\frac{\theta}{120}\right)^2\qquad 20\ ℃\leqslant\theta\leqslant 1\ 200\ ℃\tag{2-10}$$

2.1.3　混凝土的密度

试验研究表明，混凝土的密度会随着温度的升高而下降，先期由于失水而减小，后期由于体积膨胀而减小。这种混凝土密度的变化范围介于2 200～2 400 kg/m³之间[25]。

欧规 2 考虑了水分损失的影响，提出了一组密度变化的公式，见式(2-11)。

$$\rho_r(\theta)=\begin{cases}\rho_{c,20\ ℃} & 20\ ℃\leqslant\theta\leqslant 115\ ℃\\ \rho_{c,20\ ℃}\cdot[1-0.02(\theta-115)/85] & 115\ ℃<\theta\leqslant 200\ ℃\\ \rho_{c,20\ ℃}\cdot[0.98-0.03(\theta-200)/200] & 200\ ℃<\theta\leqslant 400\ ℃\\ \rho_{c,20\ ℃}\cdot[0.95-0.07(\theta-400)/800] & 400\ ℃<\theta\leqslant 1\ 200\ ℃\end{cases}\tag{2-11}$$

由于密度的变化不大，其对结构行为的影响很小，建议在钢筋混凝土结构火灾行为研究中使用 2 200～2 400 kg/m³之间的恒定密度，比常温下的密度小一些。

2.2　高温下混凝土的力学性能

高温下混凝土的力学性能主要包括抗压强度、抗拉强度、弹性模量、应变和混凝土的剥落。

2.2.1　高温下混凝土的抗压强度

混凝土的抗压强度是混凝土材料最重要的力学性能之一，高温下混凝土抗压强度的变化也是钢筋混凝土结构火灾响应分析的关键因素之一。高温下混凝土的抗压强度受到温度、加载历史、骨料类型等参数的影响。Anderberg 等[100]的研究表明，对于相同骨料类型的混凝土，其强度几乎只取决于温度，加载历史可被忽略。

(1) 欧规 2[23]以列表的形式给出了适用于硅质或钙质骨料普通混凝土在高温下抗压强度的折减系数。高温下混凝土抗压强度的折减系数曲线见图 2-3。

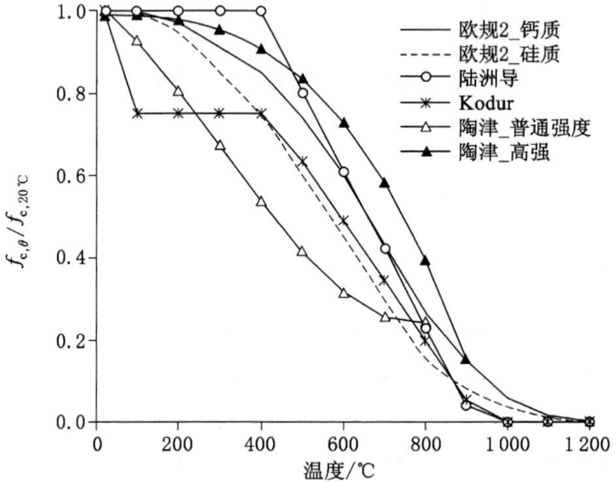

图 2-3　高温下混凝土抗压强度的折减系数

(2) 朱伯龙、钮宏、陆洲导等[97,98]基于普通混凝土立方体高温后的抗压试验给出了高温后混凝土抗压强度的折减系数公式，见式(2-12)。

$$\frac{f_{c,\theta}}{f_{c,20\ ℃}}=\begin{cases}1.0 & 20\ ℃\leqslant\theta\leqslant 400\ ℃\\ 1.75-1.9\times10^{-3}\theta & 400\ ℃<\theta\leqslant 800\ ℃\end{cases}\tag{2-12}$$

式中　$f_{c,\theta}$——在温度为 θ 时混凝土的抗压强度；

$f_{c,20\ ℃}$——20 ℃时混凝土的抗压强度。

(3) Kodur 等[101,102]建议将式(2-13)作为高性能混凝土高温后抗压强度的折减系数。

$$\frac{f_{c,\theta}}{f_{c,20\ ℃}}=\begin{cases}1.0-3.125\times10^{-3}(\theta-20) & 20\ ℃\leqslant\theta\leqslant 100\ ℃\\ 0.75 & 100\ ℃<\theta\leqslant 400\ ℃\\ 1.33-1.45\times10^{-3}(\theta-20) & \theta>400\ ℃\end{cases}\tag{2-13}$$

(4) 陶津(Tao)等[103]通过一系列暴露于不同温度下的自密实混凝土(Self-Compacting Concrete，简称 SCC)试件的应力-应变关系试验，提出了高温下自密实混凝土的抗压强度随温度的折减系数。式(2-14)适用于普通强度的自密实混凝土，式(2-15)适用于高强度自密实混凝土。

$$\frac{f_{c,\theta}}{f_{c,20\ ℃}}=2.08\times10^{-9}\theta^3-1.90\times10^{-6}\theta^2-7.87\times10^{-4}\theta+1.023 \tag{2-14}$$

$$\frac{f_{c,\theta}}{f_{c,20\ ℃}}=-9.86\times10^{-10}\theta^3-1.66\times10^{-7}\theta^2+2.08\times10^{-5}\theta+0.989 \tag{2-15}$$

由于混凝土是一种复合材料，其力学性能特别是在高温下的力学性能受许多因素的影响。因此，不同学者提出的高温下混凝土抗压强度的变化，虽然变化趋势一致，均随着温度的升高而降低，但其变化速率具有较大的离散性。欧规 2 的模型是目前钢筋混凝土结构设计最常用的模型之一。

2.2.2 高温下混凝土的抗拉强度

高温下混凝土的抗拉强度损失比抗压强度要严重得多，这就使得混凝土的抗拉强度对暴露于高温下的钢筋混凝土结构承载力的贡献非常小。在钢筋混凝土受弯构件的抗火设计中，混凝土的抗拉强度通常被忽略。但是在研究结构的火灾行为过程中，考虑混凝土的抗拉强度能够使精细化计算模型更精确，更好地服务结构的性能化设计。

(1) 欧规 2[23]给出了混凝土抗拉强度在高温下的折减系数，见式(2-16)。

$$\frac{f_{ck,t,\theta}}{f_{ck,t,20\ ℃}}=\begin{cases}1.0 & 20\ ℃\leqslant\theta\leqslant100\ ℃\\ 1.0-(\theta-100)/500 & 100\ ℃<\theta\leqslant600\ ℃\end{cases} \tag{2-16}$$

式中 $f_{ck,t,\theta}$——温度为 θ 时混凝土的抗拉强度；

$f_{ck,t,20\ ℃}$——20 ℃时混凝土的抗拉强度。

(2) 朱伯龙、钮宏、陆洲导等[97,98]在试验的基础上提出了混凝土抗拉强度的折减系数。

$$\frac{f_{ck,t,\theta}}{f_{ck,t,20\ ℃}}=\begin{cases}1.0-1.6\times10^{-3}\theta & 20\ ℃\leqslant\theta\leqslant500\ ℃\\ 0.2 & \theta>500\ ℃\end{cases} \tag{2-17}$$

(3) 过镇海、时旭东[104]通过高温下的抗拉试验提出了混凝土高温下抗拉强度的简化计算公式，见式(2-18)。

$$\frac{f_{ck,t,\theta}}{f_{ck,t,20\ ℃}}=1-\frac{\theta}{1\ 000} \tag{2-18}$$

混凝土抗拉强度在高温下的折减系数曲线如图 2-4 所示。

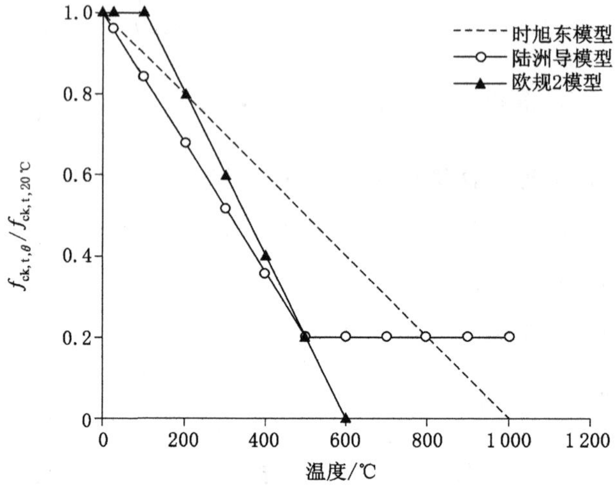

图 2-4　混凝土抗拉强度在高温下的折减系数曲线

2.2.3　高温下混凝土的弹性模量

混凝土材料高温试验研究表明，混凝土的弹性模量会随着温度的升高而降低，这主要受骨料和水灰比的影响。普通混凝土弹性模量的降低速度大于高强度混凝土。

(1) 由于式(2-27)给出了完整的应力-应变关系，因此欧规 2 中没有单独给出高温下混凝土的弹性模量的计算公式。

(2) 过镇海、时旭东[104]根据试验研究，提出了普通混凝土弹性模量在高温下的折减系数，见式(2-19)。

$$\frac{E_{c,\theta}}{E_{c,20\ ℃}}=\begin{cases}1.0 & 20\ ℃\leqslant\theta\leqslant 60\ ℃\\ 0.83-0.001\ 1\theta & 60\ ℃<\theta\leqslant 700\ ℃\end{cases}\tag{2-19}$$

式中　$E_{c,\theta}$——温度为 θ 时混凝土的弹性模量；

$E_{c,20\ ℃}$—— 20 ℃时混凝土的弹性模量。

(3) 朱伯龙、钮宏、陆洲导等[97,98]取 $0.4f_c(\theta)$ 处的切线模量作为混凝土高温下的弹性模量，根据温度区间的不同用三段函数表达了混凝土高温弹性模量的折减系数，如式(2-20)所列。

$$\frac{E_{c,\theta}}{E_{c,20\ ℃}}=\begin{cases}1.0-0.001\ 5\theta & 20\ ℃\leqslant\theta\leqslant 200\ ℃\\ 0.87-0.008\ 4\theta & 200\ ℃<\theta\leqslant 700\ ℃\\ 0.28 & \theta>700\ ℃\end{cases}\tag{2-20}$$

(4) 陶津(Tao)等[105]对高温下自密实混凝土的弹性模量进行了试验研究。普通强度的自密实混凝土的弹性模量由式(2-21)计算，高强度自密实混凝土的弹性模量通过式(2-22)计算。

$$\frac{E_{c,\theta}}{E_{c,20\ ℃}}=\begin{cases}1.0 & 20\ ℃\leqslant\theta\leqslant 80\ ℃\\ 0.95-0.001\,3\theta & 80\ ℃<\theta\leqslant 800\ ℃\end{cases} \tag{2-21}$$

$$\frac{E_{c,\theta}}{E_{c,20\ ℃}}=\begin{cases}1.0 & 20\ ℃\leqslant\theta\leqslant 80\ ℃\\ 1.01-0.001\,2\theta & 80\ ℃<\theta\leqslant 800\ ℃\end{cases} \tag{2-22}$$

2.2.4　高温下混凝土的应变

高温下混凝土的总应变(也称为高温下混凝土的本构模型)，是基于高温下混凝土的自由变形和应力-应变关系，用数学术语描述的混凝土在加热和加载共同作用下的变形特性。它包括四个部分：热膨胀、应力引起的应变、瞬态应变和蠕变，如式(2-23)所列。

$$\varepsilon_{c,tot}(\theta)=\varepsilon_{c,th}(\theta)+\varepsilon_{c,\sigma}(\sigma,\theta)+\varepsilon_{c,tr}(\sigma,\theta)+\varepsilon_{c,cr}(\sigma,\theta,t) \tag{2-23}$$

式中　$\varepsilon_{c,tot}$——温度为θ时混凝土的总应变；

$\varepsilon_{c,th}$——温度为θ时混凝土的热膨胀；

$\varepsilon_{c,\sigma}$——温度为θ时混凝土应力引起的应变；

$\varepsilon_{c,tr}$——温度为θ时混凝土的瞬态应变；

$\varepsilon_{c,cr}$——温度为θ时混凝土的蠕变；

σ——混凝土所受的应力；

t——混凝土蠕变的时间。

在既有的研究中，有些文献将后两项的瞬态应变和蠕变合并为瞬态蠕变应变。目前有两种适用于瞬态蠕变应变的模型：隐式材料模型和显式材料模型。

1. 隐式材料模型

欧规2[23]给出的混凝土高温本构模型中，并没有单独分析混凝土的高温瞬态应变，而是采取了隐式瞬态应变模型，将瞬态应变合并到应力-应变关系中，使式(2-23)简化为式(2-24)。

$$\varepsilon_{c,tot}(\theta)=\varepsilon_{c,th}(\theta)+\varepsilon_{c,\sigma}(\sigma,\theta,t) \tag{2-24}$$

(1) 混凝土的热膨胀量随着温度的升高而增加，其主要影响因素是骨料类型、含水量、加热速率等。由于混凝土是一种各向异性的材料，其温度场的变化在不同温度下会产生不同的热应变，因此混凝土的热膨胀实际上是其在高温下的平均应变。

欧规2中认为不同的混凝土的骨料类型是影响混凝土热膨胀的主要因素，因此根据骨料类型的不同，分别提出了硅质骨料混凝土在不同温度下的热膨胀计算公式[式(2-25)]，和钙质骨料混凝土在不同温度下的热膨胀计算公式[式(2-26)]。

$$\varepsilon_{c,th}=\begin{cases}-1.8\times10^{-4}+9\times10^{-6}\theta+2.3\times10^{-11}\theta^3 & 20\ ℃\leqslant\theta\leqslant700\ ℃\\ 14\times10^{-3} & 700\ ℃<\theta\leqslant1\ 200\ ℃\end{cases} \tag{2-25}$$

$$\varepsilon_{c,th}=\begin{cases}-1.2\times10^{-4}+6\times10^{-6}\theta+1.4\times10^{-11}\theta^3 & 20\ ℃\leqslant\theta\leqslant805\ ℃\\ 12\times10^{-3} & 805\ ℃<\theta\leqslant1\ 200\ ℃\end{cases} \tag{2-26}$$

(2) 欧规 2 中给出的混凝土的应力-应变关系曲线(图 2-5)也可以用式(2-27)表达，并且通常模拟中，简化其下降段，用线性模型替代非线性的下降段。

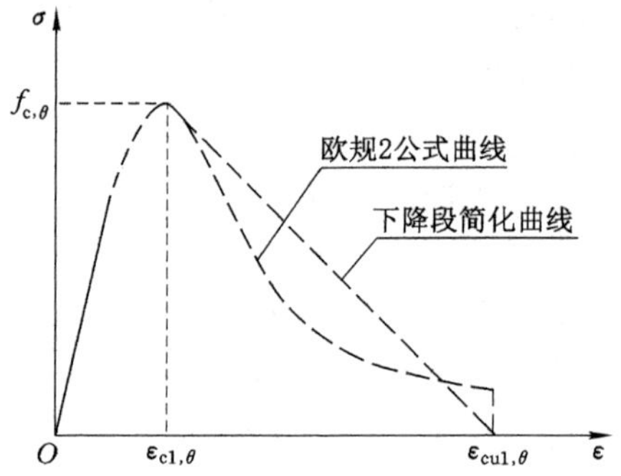

图 2-5　混凝土在高温下的应力-应变关系曲线(欧规 2，2004)[23]

$$\sigma_{c,\sigma}=\begin{cases}\dfrac{3\varepsilon_{c,\sigma}f_{c,\theta}}{\varepsilon_{c1,\theta}\left[2+\left(\dfrac{\varepsilon}{\varepsilon_{c1,\theta}}\right)^3\right]} & \varepsilon_{c,\sigma}\leqslant\varepsilon_{c1,\theta}\\ \dfrac{f_{c,\theta}(\varepsilon_{cu1,\theta}-\varepsilon)}{(\varepsilon_{cu1,\theta}-\varepsilon_{c1,\theta})} & \varepsilon_{c1,\theta}<\varepsilon_{c,\sigma}\leqslant\varepsilon_{cu1,\theta}\end{cases} \tag{2-27}$$

式中　$\sigma_{c,\sigma}$——温度为 θ 时混凝土的应力；

$\varepsilon_{c,\sigma}$——温度为 θ 时混凝土的应力引起的应变；

$f_{c,\theta}$——温度为 θ 时混凝土的抗压强度；

$\varepsilon_{c1,\theta}$——温度为 θ 时与混凝土 $f_{c,\theta}$ 对应的应变；

$\varepsilon_{cu1,\theta}$——温度为 θ 时混凝土的极限应变。

高温下，混凝土抗压强度和极限应变随温度变化的函数可以从欧规 2 的表 3-1 中获得。对于表格提供的温度之间的部分，可以使用线性插值获得。

2. 显式材料模型

在显式材料模型中，总应变实际上是四个部分的总和：热应变 $\varepsilon_{c,th}$、应力引

起的应变 $\varepsilon_{c,\sigma}$、瞬态应变 $\varepsilon_{c,tr}$ 和蠕变 $\varepsilon_{c,cr}$，如式(2-23)所列。本书中所介绍的显式材料模型由陶津（Tao）等[105]提出，她对高强和普通强度的自密实混凝土的本构关系进行了系统的研究。

（1）高强和普通强度的自密实混凝土的热膨胀计算公式相同，见式(2-28)。

$$\varepsilon_{c,th}=2.0\times10^{-8}(\theta-20)^2+8.9\times10^{-7}(\theta-20) \tag{2-28}$$

（2）应力引起的应变。

高温下混凝土所受应力引起的应变，可按照式(2-29)计算。

$$\sigma_{c,\theta}=\begin{cases} f_{c,\theta}\left[a\left(\dfrac{\varepsilon_{c,\sigma}}{\varepsilon_{c1,\theta}}\right)+(3-2a)\left(\dfrac{\varepsilon_{c,\sigma}}{\varepsilon_{c1,\theta}}\right)^2+(a-2)\left(\dfrac{\varepsilon_{c,\sigma}}{\varepsilon_{c1,\theta}}\right)^3\right] & \varepsilon_{\sigma}\leqslant\varepsilon_{c1,\theta} \\ \dfrac{\varepsilon_{c,\sigma}f_{c,\theta}}{b\ (\varepsilon_{c,\sigma}-\varepsilon_{c1,\theta})^2/\varepsilon_{c1,\theta}+\varepsilon_{c,\sigma}} & \varepsilon_{c1,\theta}<\varepsilon_{c,\sigma}\leqslant\varepsilon_{cu1,\theta} \end{cases} \tag{2-29}$$

其中 a 和 b 是与温度相关的函数因子。对于普通强度混凝土，可以按式(2-30)计算；对于高强混凝土，可以按式(2-31)计算。

$$\begin{cases} a=0.008\ 63e^{0.003\ 13\theta}-0.009\ 83 \\ b=345.33e^{-0.000\ 05\theta}-328.014\ 88 \end{cases} \tag{2-30}$$

$$\begin{cases} a=-0.078\ 4e^{\theta/313.06}+1.180 \\ b=0.202\ 72e^{\theta/163.537\ 1}+0.059\ 83 \end{cases} \tag{2-31}$$

高温下混凝土抗压强度随温度的折减函数由式(2-14)和式(2-15)给出，高温下的极限弹性应变由式(2-32)表示。

$$\frac{\varepsilon_{c1,\theta}}{\varepsilon_{c1,20\ ℃}}=0.17e^{\theta/287.36}+0.79 \tag{2-32}$$

（3）混凝土的瞬态应变。

当加载中的混凝土结构被加热时，会由于荷载的作用而产生附加的应变，称为瞬时应变。对于卸载的混凝土，这种现象不存在，从而减少了混凝土高温下的强度损失和应变量。在高温下，瞬态应变远大于蠕变和应力引起的应变，并可能对钢筋混凝土结构的变形产生重大影响。在一些文献中，瞬态应变被认为是一种蠕变，所以它也被称为瞬态热蠕变(Transient Thermal Creep，简称为 TTC)。

瞬态应变不能直接测量，但可以由式(2-23)中给出的应变叠加导出。表 2-1 列举了几种得到认可的混凝土高温瞬态应变计算公式。

Anderberg 等[100]的模型给出了高温 500 ℃以内的瞬态应变与应力以及热膨胀的线性关系。基于公布的试验结果，参数 k_2 是无量纲常数，对于硅质骨料混凝土，其值为 1.8～2.35。在这之后，很多学者对不同混凝土类型的 k_2 参数的变化进行了大量的试验研究。

表 2-1　　　　瞬态应变公式

函数	参考资料
$\theta \leqslant 500$ ℃, $\varepsilon_{c,cr} = -k_2 \dfrac{\sigma}{f_{c,20\ ℃}} \varepsilon_{c,th}$	Y. Anderberg 等[100]
石英岩(OPC) NSC：$k_2 = 2.35$(Anderberg) $k_2 = 2.0$(Weigler and Fischer) $k_2 = 1.8$(Schneider)	Y. Anderberg 等[100]
石灰岩(OPC) NSC：$k_2 = 1.3$	M. Tokoyoda 等[106]
硅酸岩(OPC) HSC：$k_2 = 4.03$	T. Hirashima 等[107]
$\varepsilon_{c,cr} = c \dfrac{\sigma}{f_{c,20\ ℃}} A_r$ $A_r = (-2.641\,3 \times 10^{-13}\theta^4 + 2.930\,6 \times 10^{-10}\theta^3 - 9.455\,4 \times 10^{-8}\theta^2 - 5.786\,2 \times 10^{-6}\theta + 2.7 \times 10^{-4})$ 石灰岩(OPC) NS SCC：$c = 1.0$ 石灰岩(OPC) HS SCC：$c = 1.55$	J. Tao 等[105]
$\theta \leqslant 400$ ℃, $\varepsilon_{c,cr} = c \dfrac{\sigma}{f_{c,20\ ℃}} A_r$ $A_r = 10^{-3} \times (-1.11 \times 10^{-10}\theta^4 - 1.82 \times 10^{-7}\theta^3 + 3.45 \times 10^{-5}\theta^2 - 1.3 \times 10^{-2}\theta + 0.202)$ TC(OPC，硅酸岩)：$c = 1.06$ SCC(OPC，硅酸岩)：$c = 0.94$	E. Annerel 等[108]

(4) 混凝土的蠕变。

混凝土常温或高温下的蠕变随受荷时间而增加。高温下蠕变的影响因素与常温下蠕变的影响因素相同，均为应力水平、加载时间、混凝土龄期和湿度。

陶津(Tao)等[105]的试验结果表明，对于自密实混凝土而言，高温下蠕变随时间增加的趋势与常温蠕变的趋势相似，但相应的蠕变数值要大得多。对于普通强度的自密实混凝土，其高温蠕变可以由式(2-33)计算；对于高强度自密实混凝土，其高温蠕变可以由式(2-34)求得。

$$\varepsilon_{c,cr} = \frac{\sigma_c}{f_c}(123.21 + 43.11e^{0.004\,77\theta})\left(\frac{t}{10\,800}\right)^{0.3} \times 10^{-6} \tag{2-33}$$

$$\varepsilon_{c,cr} = \frac{\sigma_c}{f_c} \times 114.06(e^{0.004\,77\theta} - 1)\left(\frac{t}{10\,800}\right)^{0.5} \times 10^{-6} \tag{2-34}$$

式中　σ_c——混凝土常温下的初始应力；

f_c——混凝土常温下的抗压强度；

t ——受荷时间。

(5) 各个应变分量的比重。

为了讨论在高温下每个应变分量在混凝土总应变中所占的比重，本书采用 C30 混凝土材料为研究对象，取 $f_c = 30\ N/mm^2$，研究其在两个恒定压应力 ($5\ N/mm^2$ 和 $20\ N/mm^2$) 下的变形组成。其应变分量随温度的变化如图 2-6 所示。

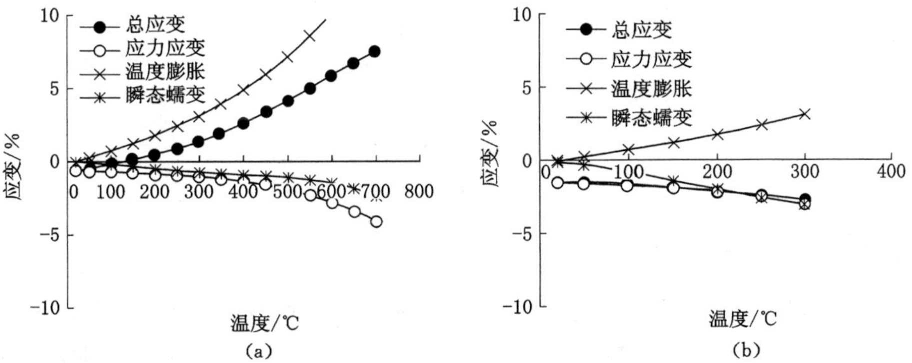

图 2-6 高温下混凝土的应变分量

(a) 应力 $=5\ N/mm^2$；(b) 应力 $=20\ N/mm^2$

对于承受低应力水平 ($5\ N/mm^2$) 的混凝土，瞬态蠕变应变只是总应变的一小部分。然而，对于承受高应力 ($20\ N/mm^2$) 的混凝土来说，瞬态蠕变应变占了总应变的很大一部分，几乎抵消了热膨胀，使总应变接近应力引起的应变。在冷却过程中，应力引起的应变的弹性部分会随着温度的降低而恢复，但其塑性应变和瞬态蠕变应变不会恢复。由此我们可以得出结论：瞬态蠕变应变会直接影响受到强压力作用的钢筋混凝土构件的火灾响应，例如钢筋混凝土柱、轴向约束梁等。

同时，本书以 C30 混凝土为研究对象，分别利用隐式瞬态蠕变应变模型（欧规 2 模型）和显式模型（陶津模型）计算试件的总应变并进行比较，如图 2-7 所示。图中的"$s=5$，$s=10$，$s=15$，$s=20$"表示所施加的应力分别为 $5\ N/mm^2$，$10\ N/mm^2$，$15\ N/mm^2$ 和 $20\ N/mm^2$；_imp 表示隐式模型，_exp 表示显式模型。结果表明，同一种外荷载下两种模型计算出来的混凝土的总应变并不完全相同。

在相同的应力水平下，显式模型的总应变略低于欧规 2 模型的总应变。两个总应变之间的差异随着压应力的增加而增加，这主要是由于显示模型能够更精确地分析在应力和热膨胀的影响下的瞬态蠕变应变。

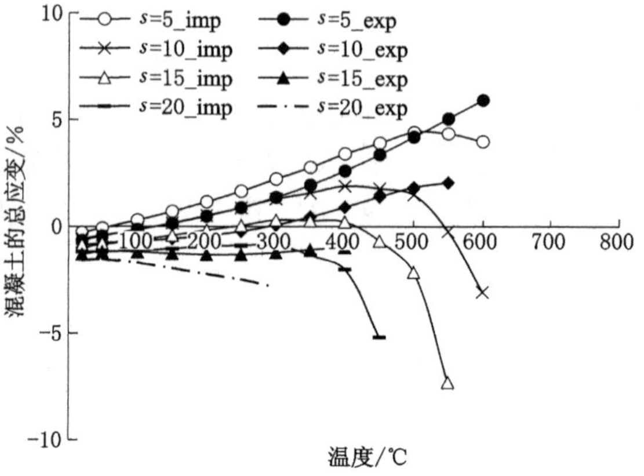

图 2-7　高温下混凝土的总应变

2.2.5　高温下混凝土的剥落

混凝土的剥落是指当结构或构件被迅速加热到高温时，结构或构件的表面上发生的剧烈的混凝土层状或块状脱落。加热速率对暴露于火灾中 20～30 min内的混凝土的剥落类型(骨料剥落、爆裂性剥落、表面剥落和角部脱落型剥落)有重要的影响。角部脱落型剥落由最高温度引起，并且在火灾发生后的 30～60 min 后发生。表面剥落和爆裂性剥落是剧烈的，而角部脱落型剥落是非剧烈的[109-111]，Schneider 认为剥落现象对结构火灾行为的研究非常重要[112,113]。表 2-2 总结了混凝土高温下不同剥落形式的特征及其主要影响因素[114]。

表 2-2　　混凝土不同剥落形式的特征(fib 规范 38,2007)[5]

剥落类型	发生时间/min	性质	声音	影响	主要影响
骨料剥落	7～30	迸裂	爆裂	表面	H,A,S,D,W
表面	7～30	剧烈	开裂	可能严重	H,W,P,f_t
爆裂性	7～30	剧烈	巨响	严重	$H,A,S,G,L,O,P,Q,R,S,W,Z,f_s$
角部脱落型	30～90	非剧烈	无	可能严重	T,A,f_t,R

A=骨料热膨胀；D=骨料热扩散；f_t=混凝土抗拉强度；f_s=混凝土剪切强度；G=混凝土龄期；H=加热速率；L=加载/约束；O=加热曲线；P=渗透率；Q=截面形状；R=钢筋；S=骨料大小；T=最高温度；W=含水率；Z=截面尺寸

欧规 2[23] 和 Khoury 等[109] 根据已有的研究成果，结合主要影响因素，即加热速率(特别是高于 3 ℃/min)、材料的渗透性、孔隙饱和度[特别是含水量(质量分数)在 2%～3%以上]、钢筋的影响以及外部施加的荷载水平，给出了剥落区的分区图，如图 2-8 所示。

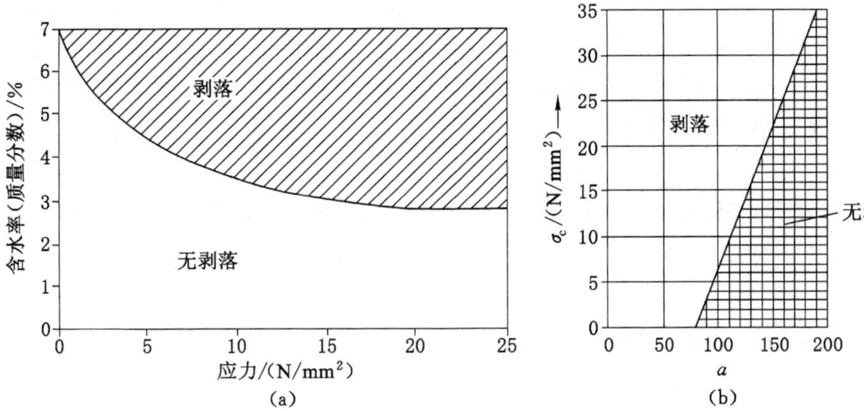

图 2-8　混凝土剥落的列线图

(a) Khoury；(b) 欧规 2

a——构件宽度 b 及高度 h 中的最小值

国内外学者针对高温下混凝土的剥落问题，提出了多种剥落机理：

（1）孔隙压力剥落：高温下混凝土内水分的蒸发导致孔隙压力增加，使混凝土的拉应力超过其抗拉强度。主要影响因素是混凝土的渗透性、初始含水饱和度和加热速率。然而，大多数分析模型预测的高温下混凝土的孔隙压力水平远低于混凝土的抗拉强度，并且通过试验得到证实。值得注意的是，高温下混凝土中孔隙压力的大小很难得到精确的预测，对于小型试件可能会发生孔隙压力剥落[25]。

（2）热应力剥落：由于快速加热，在混凝土构件的横截面上引起较大的温度梯度，从而导致混凝土内部的热应力。由于热膨胀受到限制，在受热表面附近形成了压应力，而在较冷的内部区域则出现拉应力。然而，很少有混凝土结构被加载到受压破坏的状态，这使得热应力剥落成为一个相对罕见的现象[115]。

（3）复合孔隙压力和热应力剥落：爆裂剥落一般是在孔隙压力、受火面的压应力（热应力和载荷引起的压应力）以及内部裂纹的共同作用下发生的。当应力之和超过材料的抗拉强度时，裂纹平行于表面发展，相对较小的孔隙压力便可以在这样的薄弱面引发剥落[116]。高强度混凝土与普通强度混凝土相比具有较低的渗透性，因此研究认为高强度混凝土更容易产生这种复合压力形成的高温剥落[117]。Kodur 和 Dwaikat[118,119]指出，在钢筋混凝土结构的耐火性能计算中，强度高于 70 MPa 的混凝土被认为是高强混凝土，而高强混凝土在结构火灾行为分析中，通常认为是会发生剥落的。

目前对于混凝土在火灾高温中剥落的研究成果有限，没有统一的理论分析模型。一些规范和标准提供了估算方法和减轻剥落的广泛指导原则。例如，欧规 2 规定，不考虑渗透性和混凝土的抗拉强度影响的情况下，当混凝土含水量低于 3%时，其在高温下不会发生剥落。ACI 216.1 标准[26]为在混凝土混合料中使用聚丙烯纤维来减轻高强混凝土的高温剥落提供了指导。值得注意的问题是：现行规范中对于剥落问题的指导，主要是基于对混凝土试块进行高温试验所得的结果。

由于爆裂过程及其原因的复杂性，目前还没有广泛认可的混凝土爆裂模型。因此，在本书的多步迭代计算模型中不包含这方面的失效准则。

2.3 钢筋的热工性能

钢筋混凝土结构中钢筋的配筋率一般不到 3%，不足以显著影响整体结构的内部温度场。因此，在温度场模拟中常常忽略了对钢筋的影响。然而基于性能化防火设计的要求越来越高，对温度场和材料性能分析的要求也越来越高。因此，有必要研究钢筋的热工性能，包括其导热系数、比热容和密度。

2.3.1 钢筋的导热系数

根据试验研究的结果，钢筋的导热系数 λ_s[W/(m·K)]随温度的升高而呈线性下降，当温度达到一定极限后，导热系数开始保持不变。

(1) 欧规 2 给出了钢筋的导热系数，见式(2-35)。

$$\lambda_s=\begin{cases}54-3.33\times10^{-2}\theta & 200\ ℃\leqslant\theta\leqslant800\ ℃\\27.3 & \theta>800\ ℃\end{cases}\tag{2-35}$$

(2) Lie 等[95,96]根据试验结果推导出钢筋导热系数与温度的关系，见式(2-36)。

$$\lambda_s=\begin{cases}48-2.20\times10^{-2}\theta & 0\ ℃\leqslant\theta\leqslant900\ ℃\\28.2 & \theta>900\ ℃\end{cases}\tag{2-36}$$

2.3.2 钢筋的比热容

根据试验结果，钢筋的比热容会随着温度的升高而增加，但变化很小。因此，在大多数文献中，通常假定钢筋的比热容为常数。例如，ECCS(1983)[120]和英国标准 BSI(1990)[121]建议采用式(2-37)给出的钢筋的比热容 c_s。

$$c_s=520\tag{2-37}$$

欧洲规范 3(以下简称“欧范 3”)[122]给出的建议公式为：

$$c_s=3.8\times10^{-3}\theta^2+2.0\times10^{-3}\theta+470\tag{2-38}$$

2.3.3 钢筋的密度

由于材料的热膨胀，钢筋的密度在高温下会降低。但是这种差异非常小，在结构响应计算中通常被忽略。在结构设计标准中，假定钢筋的密度与温度无关。本书取钢筋的密度为 $\rho_s=7\ 850\ kg/m^3$。

2.4 高温下钢筋的力学特性

钢筋最主要的力学性能包括屈服强度、弹性模量和应变。

2.4.1 高温下钢筋的屈服强度

钢筋屈服应力是直接决定钢筋混凝土结构承载力的重要参数之一。试验研究表明，钢筋的屈服平台会随着温度的降低而降低，并在 300 ℃后消失。常用的高温下钢筋的强度模型列举如下：

(1) 欧规 2 规定，高温下钢筋强度和弹性模量随温度变化的折减系数应从表 2-3 中获得。表 2-3 中的折减系数也可用于受压状态下的钢筋强度。

表 2-3 热轧和冷加工钢筋高温下强度和弹性模量的折减系数(EC 2,2004)[23]

钢筋温度 θ/℃	$f_{sy,\theta}/f_{yk}$		$f_{sp,\theta}/f_{yk}$		$E_{s,\theta}/E_s$	
	热轧	冷加工	热轧	冷加工	热轧	冷加工
20	1.00	1.00	1.00	1.00	1.00	1.00
100	1.00	1.00	1.00	0.96	1.00	1.00
200	1.00	1.00	0.81	0.92	0.90	0.87
300	1.00	1.00	0.61	0.81	0.80	0.72
400	1.00	0.94	0.42	0.63	0.70	0.56
500	0.78	0.67	0.36	0.44	0.60	0.40
600	0.47	0.40	0.18	0.26	0.31	0.24
700	0.23	0.12	0.07	0.08	0.13	0.08
800	0.11	0.11	0.05	0.06	0.09	0.06
900	0.06	0.08	0.04	0.05	0.07	0.05
1 000	0.04	0.05	0.02	0.03	0.04	0.03
1 100	0.02	0.03	0.01	0.02	0.02	0.02
1 200	0.00	0.00	0.00	0.00	0.00	0.00

（2）朱伯龙、钮宏、陆洲导等[97,98]建议使用式(2-39)计算高温下钢筋的屈服强度。

$$\frac{f_{y,\theta}}{f_{y,20\ ℃}}=\begin{cases}1.0 & 0\ ℃\leqslant\theta\leqslant 200\ ℃\\ 1.33-1.64\times10^{-3}\theta & 200\ ℃<\theta\leqslant 700\ ℃\\ 0.182 & \theta>700\ ℃\end{cases} \tag{2-39}$$

（3）过镇海、时旭东[104]给出钢筋的屈服强度随温度变化的公式为式(2-40)：

$$\frac{f_{y,\theta}}{f_{y,20\ ℃}}=\frac{1}{1+24(\theta/1\ 000)^{4.5}} \quad （钢筋等级为Ⅰ～Ⅳ级）$$

$$\frac{f_{y,\theta}}{f_{y,20\ ℃}}=\frac{1}{1+46(\theta/1\ 000)^{4}} \quad （钢筋等级为Ⅴ级） \tag{2-40}$$

（4）ECCS[120]提出的高温下钢材屈服应力的折减系数如式(2-41)所列：

$$\frac{f_{y,\theta}}{f_{y,20\ ℃}}=1+\frac{\theta}{767\ \ln(\theta/1\ 750)} \quad 0\ ℃\leqslant\theta\leqslant 600\ ℃ \tag{2-41}$$

上述方程中，$f_{y,\theta}$代表钢筋在高温 θ 下屈服应力，$f_{y,20\ ℃}$代表钢筋常温下的屈服应力。

2.4.2 高温下钢筋的弹性模量

钢筋的弹性模量会随着温度的升高而降低，钢筋的等级对其影响不大。下文列出了一些著名的研究成果：

（1）欧规 2[23]中提供的适用于钢筋混凝土结构计算分析的，钢筋的弹性模量的折减规律见表 2-3。

（2）朱伯龙、钮宏、陆洲导等[97,98]给出了基于试验结果的三阶段钢筋的弹性模量随温度变化的折减系数。

$$\frac{E_{s,\theta}}{E_{s,20\ ℃}}=\begin{cases}1.0-4.86\times10^{-4}\theta & 20\ ℃\leqslant\theta\leqslant 370\ ℃\\ 1.515-1.978\times10^{-3}\theta & 370\ ℃<\theta\leqslant 700\ ℃\\ 0.13 & \theta>700\ ℃\end{cases} \tag{2-42}$$

（3）Lie [95,96]给出公式(2-43)作为弹性模量的高温模型。

$$\frac{E_{s,\theta}}{E_{s,20\ ℃}}=\begin{cases}1.0+\dfrac{\theta}{2\ 000\ln(\theta/1\ 000)} & 0\ ℃\leqslant\theta\leqslant 600\ ℃\\ \dfrac{690-0.69\theta}{\theta-53.5} & 600\ ℃<\theta\leqslant 1\ 000\ ℃\end{cases} \tag{2-43}$$

（4）ECCS[120]给出式(2-44)，用于高温下弹性模量的计算。

$$\frac{E_{s,\theta}}{E_{s,20\ ℃}}=1.0-17.2\times10^{-12}\theta^4+11.8\times10^{-9}\theta^3-34.5\times10^{-7}\theta^2+15.9\times10^{-5}\theta \tag{2-44}$$

在以上公式中，$E_{s,\theta}$表示钢筋在高温 θ 下的弹性模量，而 $E_{s,20\,℃}$ 表示钢筋在常温下的弹性模量。

2.4.3 高温下钢筋的应变

钢筋在高温下的应变模型描述了钢材的热应变和应力-应变特性。由于钢筋不存在瞬态应变，所以钢筋的应变模型比式(2-23)中的混凝土应变的组成更简单。高温下钢筋的应变包含三个部分，如式(2-45)所列：

$$\varepsilon_{s,tot}(\theta)=\varepsilon_{s,th}(\theta)+\varepsilon_{s,\sigma}(\sigma_s,\theta)+\varepsilon_{s,cr}(\sigma_s,\theta,t) \tag{2-45}$$

式中 $\varepsilon_{s,tot}$——高温 θ 下钢筋的总应变；

$\varepsilon_{s,th}$——高温 θ 下钢筋的热膨胀；

$\varepsilon_{s,\sigma}$——高温 θ 下应力引起的钢筋应变；

$\varepsilon_{s,cr}$——高温 θ 下钢筋的蠕变。

1. 钢筋的热膨胀

钢筋的热膨胀 $\varepsilon_{s,th}$是其在高温下的自由变形，随温度变化，不受钢材种类的影响。

(1) 欧规 2[23]给出了钢筋热膨胀的分段函数，见式(2-46)。

$$\varepsilon_{s,th}=\begin{cases}-2.416\times10^{-4}+1.2\times10^{-5}\theta+0.4\times10^{-8}\theta^2 & 20\ ℃\leqslant\theta\leqslant750\ ℃\\ 11\times10^{-3} & 750\ ℃<\theta\leqslant860\ ℃\\ -6.2\times10^{-3}+2\times10^{-5}\theta & 860\ ℃<\theta\leqslant1\ 200\ ℃\end{cases} \tag{2-46}$$

(2) ECCS[120]推荐使用常数作为设计计算中钢筋的热膨胀，见式(2-47)。

$$\varepsilon_{s,th}=1.4\times10^{-3} \tag{2-47}$$

(3) Lie 等[95,96]给出了钢筋热膨胀的计算模型，见公式(2-48)。

$$\varepsilon_{s,th}=\begin{cases}(0.004\theta+12)\times10^{-6} & 20\ ℃\leqslant\theta<1\ 000\ ℃\\ 16\times10^{-6} & \theta\geqslant1\ 000\ ℃\end{cases} \tag{2-48}$$

(4) 朱伯龙、钮宏、陆洲导等[97,98]依据欧洲规范模型，提出了钢筋热膨胀的计算公式(2-49)。

$$\varepsilon_{s,th}=(11+0.003\ 6\theta)\times10^{-6} \tag{2-49}$$

2. 应力引起的钢筋应变

应力引起的钢筋应变可以直接从钢筋的高温应力-应变关系曲线中得到。钢筋高温的应力-应变关系也适用于钢筋的受压工况。下文中列出了几种著名的模型：

(1) 欧规 2[23]给出的钢筋高温下的应力-应变关系见式(2-50)。

$$\sigma_{s,\theta}=\begin{cases}\varepsilon_s E_{s,\theta} & 0\leqslant\varepsilon_s\leqslant\varepsilon_{sp,\theta}\\ f_{sp,\theta}-c+(b/a)[a^2-(\varepsilon_{sy,\theta}-\varepsilon_s)^2]^{0.5} & \varepsilon_{sp,\theta}<\varepsilon_s\leqslant\varepsilon_{sy,\theta}\\ f_{sy,\theta} & \varepsilon_{sy,\theta}<\varepsilon_s\leqslant\varepsilon_{st,\theta}\\ f_{sy,\theta}\left(1-\dfrac{\varepsilon_s-\varepsilon_{st,\theta}}{\varepsilon_{su,\theta}-\varepsilon_{st,\theta}}\right) & \varepsilon_{st,\theta}<\varepsilon\leqslant\varepsilon_{su,\theta}\end{cases}\tag{2-50}$$

式中 $\sigma_{s,\theta}$——高温 θ 下钢筋的应力；

$E_{s,\theta}$——高温 θ 下钢筋的弹性模量；

$f_{sp,\theta}$——高温 θ 下钢筋的比例极限；

$f_{sy,\theta}$——高温 θ 下钢筋的极限强度。

$\varepsilon_{sp,\theta}=f_{sp,\theta}/E_{s,\theta}$；$\varepsilon_{sy,\theta}=0.02$；$\varepsilon_{st,\theta}=0.15$；$\varepsilon_{su,\theta}=0.20$；

$a=(\varepsilon_{sy,\theta}-\varepsilon_{sp,\theta})(\varepsilon_{sy,\theta}-\varepsilon_{sp,\theta}+c/E_{s,\theta})$；

$b=c(\varepsilon_{sy,\theta}-\varepsilon_{sp,\theta})E_{s,\theta}+c^2$；

$c=(f_{sy,\theta}-f_{sp,\theta})^2/[(\varepsilon_{sy,\theta}-\varepsilon_{sp,\theta})E_{s,\theta}-2(f_{sy,\theta}-f_{sp,\theta})]$。

(2) 过镇海、时旭东[104]的研究表明，高温下钢材的屈服阶段不明显，并且钢筋达到极限强度后变形加快。因此，他们建立了一个简化模型，该模型只包含弹性部分和硬化部分，如式(2-51)所列。

$$\sigma_{s,\theta}=\begin{cases}\varepsilon_{s,\sigma}E_{s,\theta} & 0\leqslant\varepsilon_{s,\sigma}\leqslant\varepsilon_{sy,\theta}\\ f_{sp,\theta}+(f_{sy,\theta}-f_{sp,\theta})\left[1.5\dfrac{\varepsilon_{s,\sigma}-\varepsilon_{sy,\theta}}{\varepsilon_{su,\theta}-\varepsilon_{sy,\theta}}-0.5\left(\dfrac{\varepsilon_{s,\sigma}-\varepsilon_{sy,\theta}}{\varepsilon_{su,\theta}-\varepsilon_{sy,\theta}}\right)^3\right]^{0.62} & \varepsilon_{sy,\theta}<\varepsilon_{s,\sigma}\leqslant\varepsilon_{su,\theta}\end{cases}\tag{2-51}$$

(4) 朱伯龙、钮宏、陆洲导等[97,98]给出了简化为两个阶段的高温下钢筋的弹塑性应力-应变关系，如式(2-52)所列。

$$\sigma_{s,\theta}=\begin{cases}\varepsilon_{s,\sigma}E_{s,\theta} & 0\leqslant\varepsilon_{s,\sigma}\leqslant\varepsilon_{sy,\theta}\\ f_{sy,\theta} & \varepsilon_{s,\sigma}>\varepsilon_{sy,\theta}\end{cases}\tag{2-52}$$

3. 钢筋的蠕变

高温下钢筋的蠕变 $\varepsilon_{s,cr}$ 主要受温度、暴露时间、钢筋应力和加热速率的影响，通常基于 Dorn 的理论分析进行计算。目前，试验研究和理论分析不足以为高温下钢材的蠕变模型提供可靠的理论依据。与其他两种应变分量相比，钢筋的蠕变相当小[123]，在结构设计和计算中可以忽略不计。

2.5 钢筋与混凝土的黏结强度

钢筋与混凝土之间的黏结特性是两种材料共同工作的基础。黏结强度可以直接影响钢筋混凝土结构的开裂、变形和承载能力[124]。既有研究表明，混凝土和钢筋在高温下的黏结强度受混凝土开裂和混凝土抗拉强度降低的影响[125,126]，其在高温下的变化趋势与混凝土的抗拉强度相似[127,128]。然而由于黏结滑移过程是复杂的，在进行数值分析时，通常忽略不计，而既有的数值模拟结果也证实这种假设是合理的，因此在本书介绍的数值计算方法中不予考虑。

2.6 本章小结

基于目前被广泛认可的钢筋混凝土高温材料模型的研究和比较，本章对高温下混凝土和钢筋的材料性能进行了回顾和对比分析。

(1) 随着温度的升高，混凝土的导热系数和密度会下降。其中混凝土密度的变化非常小，在结构响应的分析中通常认为是不变的。当温度达到 600 ℃时，混凝土的比热容先增加，然后保持恒定。

(2) 暴露于高温时，混凝土的抗压强度、抗拉强度和弹性模量都会下降。温度对抗拉强度的影响远大于抗压强度，因此混凝土的抗拉强度的变化对钢筋混凝土结构火灾行为的影响可忽略不计。

(3) 随着温度的升高，钢筋的导热系数会线性下降，比热容会增加，但是增量不大。钢筋的密度几乎没有变化，通常在结构火灾行为计算时认为是常数。

(4) 钢筋的屈服强度和弹性模量都随着温度的升高而降低，高强度钢筋的强度下降速度会加快。

(5) 钢筋和混凝土之间的黏结强度会随着温度的升高而降低。

3 火灾升温曲线及结构温度场分析

火灾对结构安全的影响，其关键影响因素就是温度。准确计算火灾条件下钢筋混凝土结构的内部温度场，是进行结构火灾动力响应研究和结构抗火设计的基础。对钢筋混凝土结构所经受的火灾场景的研究是进行结构温度场计算的前提，只有准确掌握了火灾发生过程中温度的发展变化，才能更好地分析火灾对结构温度场的影响。因此，进行结构火灾响应计算分析，我们需要首先分析建筑结构可能发生火灾场景的温度-时间曲线，然后基于该给定的温度-时间曲线进行结构温度场的计算分析。

3.1 火灾升温曲线

3.1.1 规范推荐的火灾升温曲线

近年来，国内外学者对于不同建筑结构可能发生的火灾场景进行了大量的研究，包括实体火灾模拟和理论研究，以下温度-时间曲线是得到国内外学者和规范认可的常用的火灾升温曲线[129]，见图 3-1。

(1) ISO-834 标准火灾升温曲线：欧规 2 中提供的钢筋混凝土结构抗火设计的火灾曲线是 ISO-834 火灾升温曲线。它呈现了普通燃料（纤维物质）燃烧的温度特性，适用于开放空间和地上建筑的一般火灾场景。该升温曲线所计算出的空气升温很快，在 6 min 达到将近 600 ℃，其计算公式见式 3-1。

$$\theta=20+345\lg(8t+1) \tag{3-1}$$

(2) RABT 火灾升温曲线：RABT 火灾曲线是德国的标准中提出的，描述了封闭空间内火灾的温度演变，火灾温度在 5 min 内迅速上升到 1 200 ℃。对于小汽车起火，这种高温将持续 25 min，而对于列车起火，它将持续 55 min，直到所有燃料燃烧完毕后，温度在 110 min 内回降到常温。RABT 火灾升温曲线适用于地下建筑结构和隧道。

(3) HC(碳氢)火灾升温曲线(Hydra Carbon curve)：HC 火灾升温曲线是根据开放空间内碳氢化合物燃烧而提出的火灾特征曲线。碳氢燃料使火迅速达

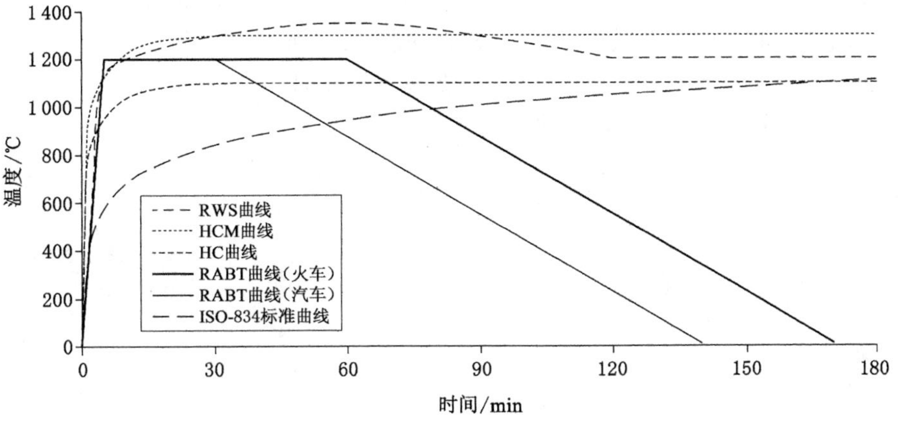

图 3-1 常用的火灾升温曲线(NFPA 502，2014)[129]

到最高温度 1 100 ℃,然后保持该温度恒定。HC 火灾升温曲线的计算公式为:

$$\theta=20+1\ 080\times(1-0.325\times e^{-0.167t}-0.675\times e^{-25t}) \tag{3-2}$$

(4) HCM(碳氢改良)火灾升温曲线:HCM 火灾升温曲线是法国研究人员基于 HC 火灾升温曲线改进而提出的,使得曲线达到的最高温度为 1 300 ℃。HCM 火灾升温曲线的计算公式为:

$$\theta=20+1\ 280\times(1-0.325\times e^{-0.167t}-0.675\times e^{-25t}) \tag{3-3}$$

(5) RWS 火灾升温曲线:RWS 火灾升温曲线是假定火灾在最不利的情况下,即在密闭的环境中,50 m³ 碳氢燃料(如油罐车)燃烧时的火灾升温曲线。该火灾工况下,火灾的热释放率达到 300 MW,并在极短的时间内升温至 1 200 ℃,1 h 后达到 1 350 ℃,后期由于燃料燃尽,温度降低。RWS 火灾升温曲线与 HC 火灾升温曲线的区别是:HC 火灾升温曲线代表相同的燃料在相对开放的空间内燃烧,热量会消散。

(6) 含温度下降段的参数化火灾升温曲线。为了能够建立真实火灾场景的温度特征曲线,考虑冷却段的温度-时间曲线,欧洲规范 1(以下简称“欧规 1”)[130]提出了参数化火灾升温曲线。在加热阶段,假定气体温度会随火灾的发展而上升,其升温段火灾曲线方程由式(3-4)给出:

$$\theta_g=20+1\ 325\times(1-0.324\times e^{-0.2t^*}-0.204\times e^{-1.7t^*}-0.472\times e^{-19t^*}) \tag{3-4}$$

其中,θ_g 是火灾下室内气体的温度,℃;t^* 是公式(3-5)给出的结合通风条件和火灾空间边界条件的时间参数。

$$t^*=t\Gamma \tag{3-5}$$

其中，Γ 是时间修正系数，取决于通风系数和火灾空间热边界条件。

当 $\Gamma=1$ 时，式(3-4)近似于标准火灾升温曲线，如图 3-2 所示。分别计算 30 min、60 min 和 90 min 的冷却部分。根据最大加热时间 $t_{\max}^*$ 的值，通过式(3-6)定义了三种不同的气体温度线性曲线。

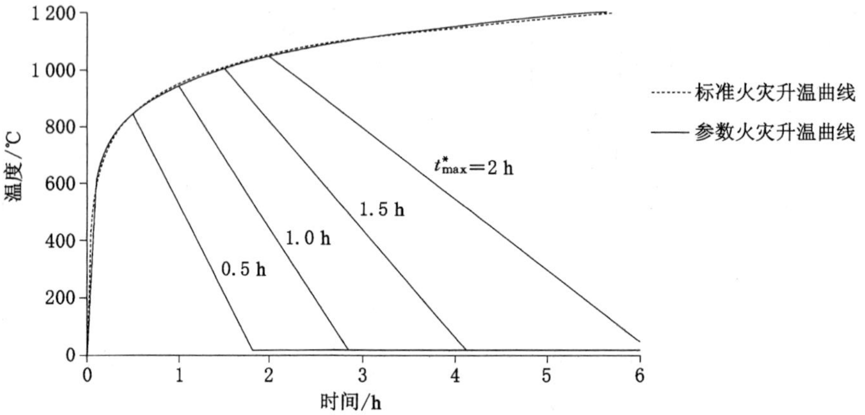

图 3-2　$\Gamma=1$ 时的参数化火灾升温曲线(欧规 1，2002)[130]

$$\theta_g=\begin{cases}\theta_{\max}-625(t^*-t_{\max}^*x) & t_{\max}^*\leqslant 0.5\\ \theta_{\max}-250(3-t_{\max}^*)(t^*-t_{\max}^*x) & 0.5<t_{\max}^*<2\\ \theta_{\max}-250(t^*-t_{\max}^*x) & t_{\max}^*\geqslant 2\end{cases}\tag{3-6}$$

当燃烧受到燃料数量的控制时，冷却部分的曲线可以简化为式(3-7)。

$$\theta_g=\begin{cases}\theta_{\max}-625(t^*-0.5) & t_{\max}^*=0.5\\ \theta_{\max}-500(t^*-1) & t_{\max}^*=1.0\\ \theta_{\max}-250\times 1.5(t^*-1.5) & t_{\max}^*=1.5\\ \theta_{\max}-250(t^*-t_{\max}^*) & t_{\max}^*\geqslant 2.0\end{cases}\tag{3-7}$$

(7)高大空间建筑火灾升温曲线。李国强等[131]通过对 120 例火灾场景基于场模型进行模拟，考虑建筑面积、建筑高度、火源功率、距火源距离等影响高大空间建筑火灾空气升温的因素，筛选出给定空间点的温度值，进行统计回归，最终回归出式(3-8)给出的高大空间建筑火灾空气升温计算公式：

$$\theta_{x,z,t}-\theta_{g,0}=\theta_z(1-0.8e^{-\beta t}-0.2e^{-0.1\beta t})\times[\eta+(1-\eta)e^{(b-x)\mu}]\tag{3-8}$$

式中　$\theta_{x,z,t}$——对应于 t 时刻，与火源中心水平距离为 x(m)、与地面垂直距离为 z(m)处的空气温度，℃；

$\theta_{g,0}$——火灾发生前高大空间内的平均空气温度，取 20 ℃；

θ_z——火源中心距地面垂直距离为 z(m)处的最高空气温度，℃；

β——根据火源功率类型和火灾增长类型确定的升温曲线形状系数；

μ——系数；

η——距火源中心水平距离为 x(m)的温度衰减系数，且 $x<b$ 时，$\eta=1$。

该实用公式使大空间内部火灾温度场的计算方法得到大大简化，便于设计人员直接运用于工程实际中，该公式也是《建筑钢结构防火技术规范》(CECS 200—2006)[132]给出的适用于高度不小于 6 m、独立空间地(楼)面面积不小于 500 m^2 的高大空间温度场的计算方法。

3.1.2 基于性能的实际火灾场景升温曲线

随着性能化抗火设计要求的提高，越来越多的研究强调根据结构形式和可能发生的火灾场景进行综合考虑，提出更符合工程实际情况的火灾特征曲线。为了预测可能发生的火灾所产生的后果，在进行消防安全评估时需要估计火灾产生的位置、规模及环境条件等，称之为火灾场景设计。火灾场景的设计是性能化设计中的关键环节。火灾场景的选择是否正确、全面、合理将直接决定性能化消防设计的准确性与可靠性。火灾场景的确定应根据最不利的原则，选择火灾风险较大的火灾场景作为设定的火灾场景。火灾风险较大的火灾场景一般为火灾危害和发生概率均大，或者最有可能发生但火灾危害不一定最大，或者火灾危害大但发生的可能性较小的火灾场景。火灾场景的确定还应根据最有代表性原则，综合考虑火灾位置与类型、火灾荷载大小、消防系统对火灾的影响、建筑物特性及人员特性等因素，选择最有代表性的火灾场景作为设定的火灾场景。在火灾温度的预测中，可以通过确定热释放速率对火灾发展过程进行定量描述，如图 3-3 所示。

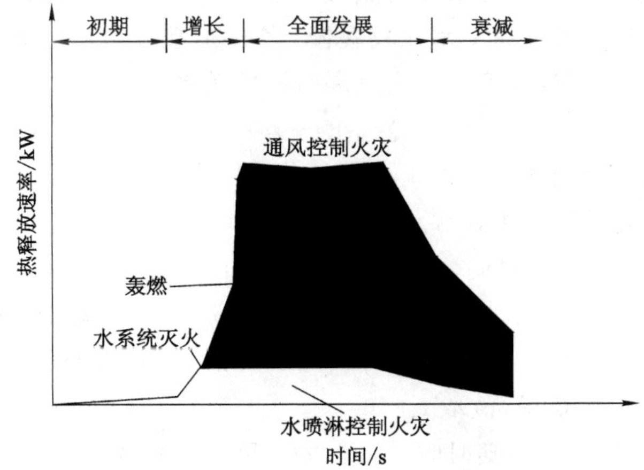

图 3-3 设计火灾的全过程描述

大量的试验研究及真实的火灾案例表明，火灾的热释放速率是随时间变化的。可燃物在点火源的作用下会发生燃烧，并且常会产生维持燃烧的热量，随着被引燃的可燃物的增多，热释放速率会随之增大，但受可燃物、氧气或其他条件的限制，火灾的热释放速率不会无止境地增大。一般情况下，如果室内火灾达到轰燃，则轰燃后整个房间热释放速率很快达到最大值，通常采用简化的办法，认为轰燃后火灾的热释放速率即达到最大值。另一种常见的情况是火灾达不到轰燃或发展到一定时候即被消防系统抑制（比如具有控火型水喷淋系统的情况），此时火灾也算达到了最大值并在一定时间内维持这个最大值。性能化设计与评估中都采用比较保守的假设，忽略火灾的衰减期，认为火灾以一定的增长速率发展到最大值然后维持这个最大值，如图 3-4 所示。

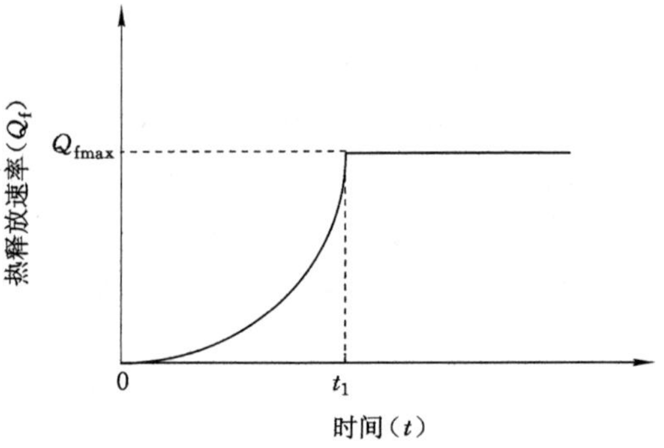

图 3-4　忽略了火灾衰减期的火灾发展曲线

大多数民用建筑火灾在没有可燃液体和可燃气体参与，而以纤维类火灾为主要特征时，其初期增长速率都比较缓慢，当火灾增长到一定规模后，增长速率将加速。火灾的热释放速率与火灾发展时间的关系可用式(3-9)表示[133]：

$$Q=\alpha(t-t_0)^2 \tag{3-9}$$

式中　Q——火源热释放率，kW；

α——火灾增长速率，kW/s^2；

t——火灾的燃烧时间，s；

t_0——火灾的阴燃时间，s，由于火灾阴燃阶段对火灾蔓延影响较小，通常可不考虑火灾达到有效燃烧需要的时间，仅研究火灾开始有效燃烧后的情况，故取 $t_0=0$。

因此火灾热释放速率随时间的变化关系可以简化为：

$$Q=\alpha t^2 \tag{3-10}$$

对于 t^2 火灾的类型，美国消防协会标准《排烟、排热标准》[133]中根据火灾增

长系数 α 的值定义了 4 种标准:慢速火、中速火、快速火和超快速火,火灾增长系数如表 3-1 所列。它们分别在 600 s、300 s、150 s、75 s 时刻可达到 1 MW 的火灾规模,图 3-5 显示了它们的火灾发展特性曲线。

表 3-1　　　　火灾增长系数

火灾类别	典型的可燃材料	α /(kW/s^2)	Q=1 MW 的时间 /s
慢速火	硬木家具	0.002 93	600
中速火	棉质、聚酯垫子	0.011 72	300
快速火	装满的邮件袋、木制货架托盘、泡沫塑料	0.046 89	150
超快速火	池火、快速燃烧的装饰家具、轻质窗帘	0.187 5	75

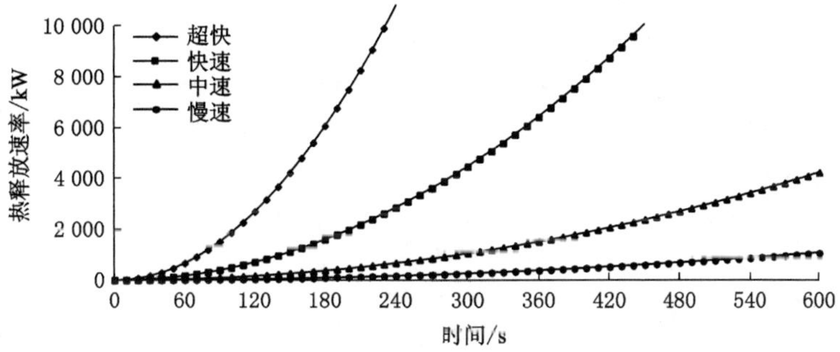

图 3-5　t^2 火灾发展特性曲线

实际发生火灾时,火灾热释放速率与可燃物的具体性质密切相关,其变化过程是一个特别复杂的过程,相关标准定义的 4 种标准 t^2 火灾发展特性曲线只是对实际火灾的一种模拟。

目前比较精确的方法是利用计算机进行实际火灾场景的模拟。现在据统计大约有三十多种火灾模拟工具已经发展到比较成熟的程度,这些火灾模型都是根据质量守恒、动量守恒和能量守恒等基本物理定律建立的[134-136]。随着计算机性能的飞速提高,基于计算流体动力学(Computer Fluid Dynamics,简称为CFD)的场模拟方法成为火灾科学研究的主流。1983 年 Kumar 首先采用 CFD 方法建立了火灾的场模型,后来国内外的学者选用 CFD 大型通用软件为基础,结合各自的课题进行了深入的研究与开发。1983 年开发的 FLUENT 软件,对于火灾场景的可视化模拟功能比较强。1987 年开发的 STAR-CD 软件,同样得到了较为广泛的应用。1987 年英国的 Cox 等开发的 JASMINE 软件，可以预测温度场、速度场、压力和化学组分的空间分布等，常用于分析隧道火灾。1991 年开发的 FLOWS 软件即现在的 CFX 软件，可以模拟烟气的流动等火灾情景。目前，常用于火灾数值模拟的软件有 1998 年美国国家标准与技术研究院(National Institute of Standards and Technology，简称为 NIST)开发的基于场模拟的火灾模拟程序 FDS 软件、烟气流动可视化软件 Smokeview、界面专家系统软件 SMARTFIRE 等。

文献[137]通过 FDS 火灾场景模拟软件，得出了典型地铁车站的火灾升温曲线，如图 3-6 所示。该研究根据典型地下公共建筑的环境特点，模拟了某地铁车站站厅层的实际火灾场景，其火源为站厅中部因贩卖亭、超市、旅客行李等可燃性物品，以及人为纵火等特殊工况下，人为带入的有限的燃料。火灾发生后，站厅层机械通风系统开启，模拟火灾持续 120 min，得出其最高温度在 530 ℃左右。

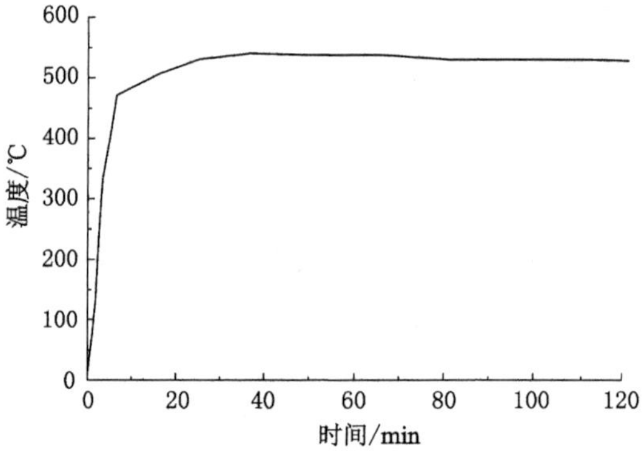

图 3-6　地铁车站的火灾升温曲线(文献[137])

Lu 等[138]通过 FDS 火灾模拟软件，模拟了某会展中心的实际火灾升温曲线，得出了典型大空间建筑的火灾场景和其不同位置的结构在火灾下的温度变化曲线。其中火灾场景一的火源位置为外墙附近，火灾面积为 18 m×18 m，热释放速率密度为 100 kW/ m^2，火灾增长类型为 t^2 快速增长火，建筑室内外温度设为 20 ℃，火灾模拟时间为 5 400 s，其火灾温度场分布如图 3-7(a)所示，该火灾场景下构件的温度分布如图 3-7(b)所示。火灾场景二的火源位置为桁架跨中，火灾面积为 18 m×18 m，热释放速率密度为 100 kW/ m^2，火灾增长类型为 t^2 快速增长火，建筑室内外温度设为 20 ℃，火灾模拟时间为 5 400 s，其火灾温度场的分布如图 3-8(a)所示，该火灾场景下构件的温度分布如图 3-8(b)所示。

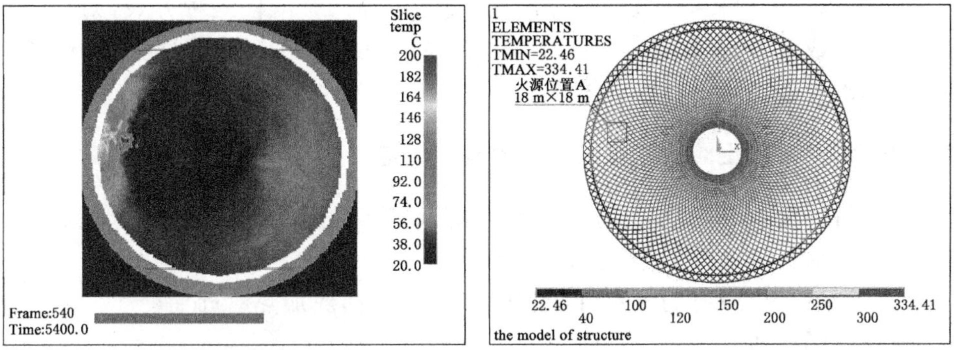

(a) (b)

图 3-7 火灾场景一下的温度场分布及构件温度分布(t=5 400 s)

(a) 火灾温度场分布;(b) 构件温度分布

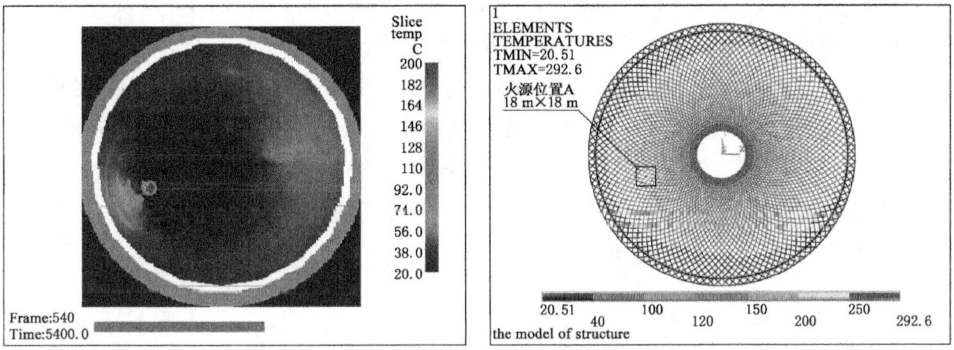

(a) (b)

图 3-8 火灾场景二下的温度场分布及构件温度分布(t=5 400 s)

(a) 火灾温度场分布;(b) 构件温度分布

3.2 钢筋混凝土结构温度场计算

在某一瞬间,空间各点温度分布的总体称为“温度场”。它是以某一时刻在一定时间内所有点上的温度值来描述的,可以表示成空间坐标和时间坐标的函数。在直角坐标系中,温度场可表达为 $T=f(x,y,z,t)$。若温度场各点的值均不随时间而变化,则温度场为稳定温度场;否则,称为不稳定温度场,亦称为瞬态温度场。钢筋混凝土构件在火灾高温作用下其内部温度场为瞬态温度场。

混凝土结构发生火灾时,其内部温度场的变化是通过与热空气之间的热传递及构件内部的热传导实现的。其传热过程分为两个阶段三种方式:第一阶段热由室内(或室外)以对流换热和物体间的辐射换热方式传给混凝土构件外表面;第二阶段构件内部热以固体导热的方式传递到内部各点。

3.2.1 钢筋混凝土结构温度场计算的基本假定

结构构件内部温度场的分布及变化,主要受到构件截面几何形状、保护层厚度、混凝土材料物理性能、升温曲线等多种因素的影响。火灾暴露过程是一个非线性的瞬态过程,所有的材料特性和内部温度场都随加热时间而变化。为了便于分析和计算,通常采用以下假设:

(1) 假设混凝土为各向同性材料,各方向的热传导系数相同;

(2) 温度场不受应力场影响;

(3) 温度场的热量仅来自火灾,混凝土内部不产生热量[139];

(4) 忽略钢筋对温度场的影响,钢筋占整个截面的比例很小,仅对横截面的温度分布具有局部影响并且没有整体显著的影响[140];

(5) 由于裂缝和孔隙率增加,混凝土导热率在冷却过程中是不可恢复的。

对于钢筋混凝土结构和构件的温度场分析,通常假定温度场沿其构件长度方向不变,因此可以简化为构件截面温度场分析的问题。根据结构特点,通常认为钢筋混凝土梁三面受火,钢筋混凝土柱子四面受火,而板壳等构件的温度场只沿厚度方向变化,为单面受火。

3.2.2 热传导微分方程

热传导问题的解决,需要傅立叶导热定律和热力学第一定律(能量守恒与转化定律)的指导。

傅立叶导热定律表达了热流通量和温度梯度的关系,即单位时间内传递的热量 Q 与温度梯度及垂直于导热方向的表面积 F 成正比[141],即:

$$Q=-\lambda\cdot \text{grad}\ T\cdot F \tag{3-11}$$

对单位面积而言:

$$q=\frac{-Q}{F}=-\lambda\cdot \text{grad}\ T \tag{3-12}$$

式中 q——热流通量,即单位时间内通过单位面积所传递的热量;

λ——导热系数;

grad T——温度梯度,负号表示热量传递的方向指向温度降低的方向。

热力学第一定律即能量守恒与转化定律,是指在一定时间内导入与导出微元体的热量的净差额,加上内热源的发热量,应等于微元体内能的增加。根据能量守恒与转化定律，可以建立起瞬态热传导微分方程，见式(3-13)：

$$\rho c \frac{\partial T}{\partial t}-\frac{\partial}{\partial x}\left(\lambda_x \frac{\partial T}{\partial x}\right)-\frac{\partial}{\partial y}\left(\lambda_y \frac{\partial T}{\partial y}\right)-\frac{\partial}{\partial z}\left(\lambda_z \frac{\partial T}{\partial z}\right)-q_v=0 \tag{3-13}$$

式中 T——温度场变量；

t——时间，s；

q_v——物体内热源产生的热量；

$\lambda_x,\lambda_y,\lambda_z$——物体沿 x,y,z 方向的热传导系数。

根据基本假定，钢筋混凝土构件截面的二维导热微分方程可写成式(3-14)：

$$\rho_T c_T \frac{\partial T}{\partial t}=\frac{\partial}{\partial x}\left(\lambda_T \frac{\partial T}{\partial x}\right)+\frac{\partial}{\partial y}\left(\lambda_T \frac{\partial T}{\partial y}\right) \tag{3-14}$$

3.2.3 热对流微分方程

对流换热是指温度不同的各部分流体之间发生相对位移所引起的热量传递过程。可用单位时间、单位面积上所交换的热量公式来计算，并约定二者温度差 Δt 永远取正值，则其表达式可表示为：

$$q_c=h_c(T_a-T) \tag{3-15}$$

式中 q_c——随时间和空间变化的给定热流通量；

h_c——热空气与构件之间的对流换热系数，W/(m^2·℃)；

T——物体边界温度，℃；

T_a——周围流体介质温度，℃。

3.2.4 热辐射微分方程

热辐射是指热能以电磁波的形式传播，它不仅可以在气体、液体和固体中进行，而且还可以在真空中进行热量交换。这是区别导热和对流的一个根本特点。以热辐射方式从空气向构件传递的净热量可以用斯蒂芬-波尔兹曼方程来计算：

$$q_r=h_r\sigma_f(T_a^4-T^4) \tag{3-16}$$

式中 q_r——不同界面之间的热流通量；

σ_f——Stefan-Boltzman 常数，$\sigma_f=5.78\times10^{-8}$ W/(m^2·℃)；

h_r——综合热辐射系数。

3.2.5 边界条件

为了得到上述微分方程的唯一解，必须附加初始条件和边界条件，统称为定解条件，与微分方程联合求解。

初始条件是指传热过程开始时物体在整个区域中所具有的温度为已知值，

表示为：

$$T|_{t=0}=T_0 \text{ 或 } T|_{t=0}=T(x,y) \tag{3-17}$$

式中　T_0——已知常数温度，表示物体初始温度是均匀的，℃；

$T(x,y)$——温度分布函数，表示初始温度场是不均匀的，℃。

边界条件主要有三类。

(1) 第一类边界条件：是指物体边界上的温度函数是已知的，用式(3-18)表示。

$$T|_{\Gamma}=T_1(x,y,z,t) \tag{3-18}$$

式中　Γ——物体边界，取逆时针方向为正；

$T_1(x,y,z,t)$——结构表面温度函数，随位置和时间 t 变化。

(2) 第二类边界条件：是指物体边界上的热流密度 q_{n}(或称热流率或热负荷)是已知的，用式(3-19)表示。

$$q_n|_{\Gamma}=-\lambda\frac{\partial T}{\partial \boldsymbol{n}}|_{\Gamma}=q_2\text{，或 }q_n|_{\Gamma}=-\lambda\frac{\partial T}{\partial \boldsymbol{n}}|_{\Gamma}=q(x,y,t) \tag{3-19}$$

式中　q_n——物体边界上的热流率，$\boldsymbol{n}$ 为物体边界的外法线向量；

q_2——表示热流率为一已知常数，$\mathrm{W/m^2}$；

$q(x,y,t)$——表示热流率为一已知函数，$\mathrm{W/m^2}$；

(3) 第三类边界条件：是指与物体相接触的流体介质的对流和辐射换热条件已知，考虑到边界处温度连续、热流连续，则由边界面到物体内部的热流可用式(3-20)表示。

$$q=-\lambda_{\mathrm{T}}\frac{\partial T}{\partial \boldsymbol{n}}=q_{\mathrm{c}}+q_{\mathrm{r}} \tag{3-20}$$

式中，$\boldsymbol{n}$ 是边界面指向流体的法线方向的向量，展开得：

$$\lambda_{\mathrm{T}}\left(\frac{\partial T}{\partial x}\boldsymbol{n}_x+\frac{\partial T}{\partial y}\boldsymbol{n}_y+\frac{\partial T}{\partial z}\boldsymbol{n}_z\right)=h_{\mathrm{c}}(T_{\mathrm{a}}-T)+h_{\mathrm{r}}\sigma_{\mathrm{f}}(T_{\mathrm{a}}^4-T^4) \tag{3-21}$$

式中　T_{a}——物体周围介质的温度，℃；

T——物体边界温度，℃；

$\boldsymbol{n}_x,\boldsymbol{n}_y,\boldsymbol{n}_z$——边界外法线的方向余弦。

火灾条件下，钢筋混凝土构件受火面的边界条件一般为第三类，未受火面为第一类边界条件。随着火灾温度的增加，火灾温度与结构受火面边界温度接近时，也可将受火面边界条件看作第一类。

3.2.6　瞬态热传导分析的求解方法

在进行结构内温度场的计算时，考虑到结构某个受火时刻的温度场，只与该时刻之前的温度场以及边界条件有关，而与该时刻以后的温度场无关。因此，温度场的求解，通常采用有限元法和有限差分法相结合，即在空间上采用有限元法计算当前时刻的温度场，在时间上采用向后差分法，从 $t=0$ 原始状态开始，逐步推进。

对于瞬态热分析的有限元法，首先要构造一个近似的温度场函数 $T_0(x,y,z)$，并设 T_0 已经满足第一类边界条件 Γ_1，其温度场函数不仅仅是空间域的函数，而且还是时间域 t 的函数。将空间域离散为有限个单元体后，在典型单元内温度近似的用结点温度 T_i 插值得到，此时结点温度是时间的函数，即：

$$T(x,y,t)=T_0=\sum_{i=1}^{m}N_i(x,y)T_i(t) \tag{3-22}$$

式中 N_i——形函数，$i=1,2,3,\cdots,m$，m 为单元节点数；

$T_i(t)$——t 时刻单元节点温度。

代入导热微分方程式(3-14)和第三类边界条件公式(3-21)中，由于 T_0 的近似性，将产生余量，即有：

$$R_\Omega=\frac{\partial}{\partial x}\left(\lambda_\mathrm{T}\frac{\partial T}{\partial x}\right)+\frac{\partial}{\partial y}\left(\lambda_\mathrm{T}\frac{\partial T}{\partial y}\right)-\rho_\mathrm{T}c_\mathrm{T}\frac{\partial T}{\partial t} \tag{3-23}$$

$$R_{\Gamma 3}=\lambda_\mathrm{T}\left(\frac{\partial T}{\partial x}\boldsymbol{n}_x+\frac{\partial T}{\partial y}\boldsymbol{n}_y+\frac{\partial T}{\partial z}\boldsymbol{n}_z\right)-h_\mathrm{v}(T_\mathrm{a}-T)-h_\mathrm{r}\sigma_\mathrm{f}(T_\mathrm{a}^4-T^4) \tag{3-24}$$

式中 R_Ω——内部热传导余量；

$R_{\Gamma 3}$——第三类边界条件下热传导余量。

令热余量的加权积分为零，即可得到：

$$\int_\Omega R_\Omega \omega_1 \,\mathrm{d}\Omega+\int_{\Gamma 3}R_{\Gamma 3}\omega_3\,\mathrm{d}\,\Gamma 3=0 \tag{3-25}$$

其中，ω_1，ω_3 是按照 Galerkin 方法选择的权函数：

$$\begin{aligned}\omega_1&=N_j, & j&=1,2,3,\cdots,n\\ \omega_3&=-\omega_1=-N_j, & j&=1,2,3,\cdots,n\end{aligned} \tag{3-26}$$

之后，根据温度场的分布模式，对单元积分方程进行积分运算，集成求解整体温度场，它是一组以时间 t 为独立变量的线性常微分方程组，见式(3-27)。

$$\boldsymbol{C}(T)_t\boldsymbol{T}(t)_t+\boldsymbol{K}(T)_t\boldsymbol{T}(t)_t=\boldsymbol{P}_t \tag{3-27}$$

式中 $\boldsymbol{C}(T)_t$——t 时刻整体热容矩阵，是结点温度对时间的导数；

$\boldsymbol{K}(T)_t$——t 时刻整体导热矩阵；

$\boldsymbol{P}_t$——t 时刻整体热荷载向量；

$\boldsymbol{T}(t)_t$——t 时刻整体节点温度向量。

通过求解非线性方程组，得到 t 时刻各结点的温度值，就得到构件截面的温度场。

3.2.7 钢筋混凝土结构温度场计算的有限元方法

有限元法是一种先将结构体积分解为小单元的方法，然后在时间和温度场中逐步计算节点上相关变量的值。该方法可以求解所有复杂形状的结构，并能考虑计算过程中各连接元素的贡献。大型通用有限元软件ABQUS、ADINA、ANSYS、SOLIDWORK、DIANA、ADINAT、SAFIR 等，都有成熟的温度计算的模块，经过大量的计算实例验证，计算精度高、速度快、操作简单。

本书提出的结构火灾响应的多步迭代计算方法，是基于有限元软件DIANA [142]计算结构的温度场，之后将计算结果代入结构计算中。

3.3 钢筋混凝土结构温度场的算例分析

为了深入研究不同火灾特征曲线对钢筋混凝土构件截面和钢筋温度场的影响，本书通过有限元软件 DIANA 模拟了两种典型的钢筋混凝土截面：一种为仅由底部受火的板模型；另一种为三面受火的矩形截面梁模型。火灾总模拟时间均为 2 h，计算时间步长设置为 30 s，混凝土与空气之间的热对流系数随温度和受火时间的升高而增加。

第一组构件分别采用四种火灾升温曲线（ISO-834 标准火灾升温曲线、RABT 火灾升温曲线、HC 火灾升温曲线、RWS 火灾升温曲线），以分析不同的火灾升温曲线对构件截面温度场分布的影响。

第二组构件采用考虑火灾降温段的参数化火灾升温曲线，以分析火灾降温段对结构温度场的影响。

3.3.1 不同火灾升温曲线下板截面的温度场

单面受火板的截面尺寸为 1 000 mm×150 mm 的单向板。在进行温度场计算时，将截面进行有限元划分，单元尺寸为 10 mm×10 mm。所有火灾升温曲线下，其温度场均呈沿高度方向层状分布的状态，如图 3-9 所示。

由于单面受火构件火灾温度场只沿高度变化的分布特征，沿截面高度方向分别取 A、B 两个关键点（A 点距离受火面 20 mm，它是钢筋的位置，体现了截面上钢筋的温度；B 点距离受火面 75 mm，为板厚的中心）进行温度的提取和对比分析。

图 3-10 为不同火灾升温曲线下板截面 A 点处的温度随时间的变化曲线，图 3-11展示了不同火灾升温曲线下板截面 B 点处温度随时间的变化曲线。

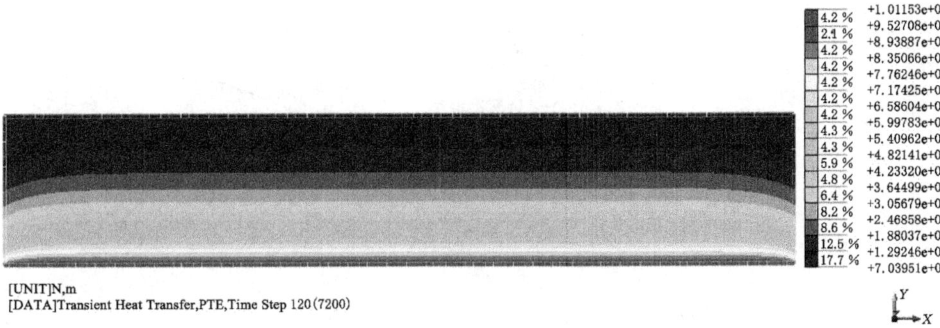

图 3-9 混凝土板的温度场(ISO-834 标准火灾升温曲线,受火 2 h)

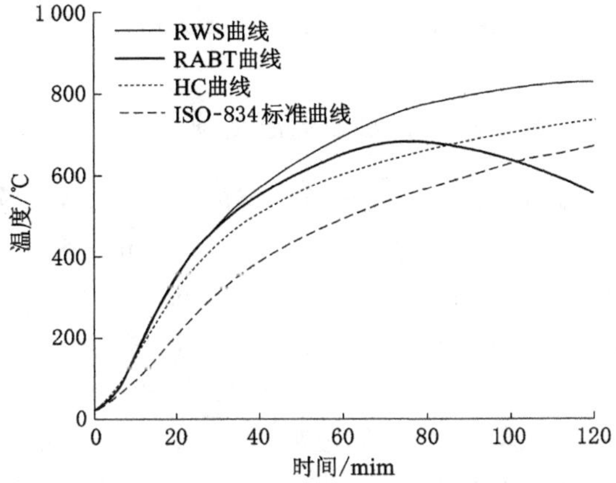

图 3-10 板截面 A 点处的温度曲线(钢筋温度)

通过不同火灾升温曲线下 A、B 两点温度随受火时间的变化曲线可以看出:

(1) 不同火灾升温曲线下 A 点的温度曲线与相应的火灾升温曲线具有相同的变化趋势,而温度高的火灾升温曲线导致 A 点的温度更高。从而可以看出,不同的火灾升温曲线,对构件内钢筋的强度将产生巨大的影响,从而影响结构的承载力和变形。

(2) 比较 A 点和 B 点的温度,可以看出 B 点距离受火面更远,因此温度比 A 点低,而不同火灾升温曲线在同一时间对 B 点温度的影响,即在 B 点的温度差比 A 点的更小。由于混凝土的导热系数低,尽管在受火 1 h 后,RABT 火灾升温曲线已经进入降温段,B 点的温度仍然在缓慢增加。

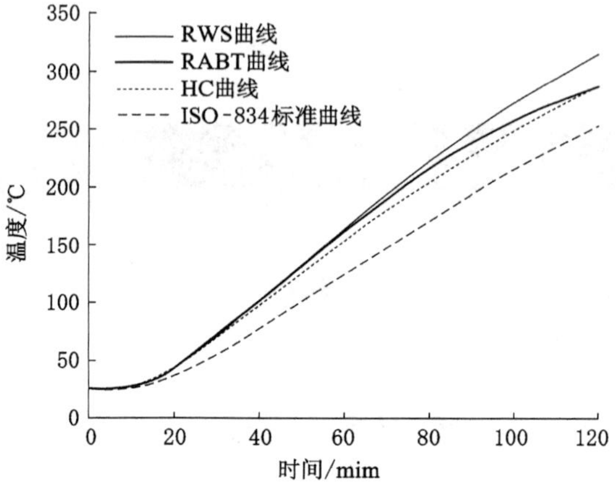

图 3-11　板截面 B 点处的温度曲线(板厚中点温度)

3.3.2　参数化火灾升温曲线下梁截面的温度场

为了研究火灾降温段对结构温度场分布的影响,选择参数化火灾升温曲线进行研究,分别选择最大加热时间 t_{max}^{*} 为 30 min、60 min 和 2 h 的参数曲线。计算模型为钢筋混凝土矩形梁截面,截面尺寸为 350 mm×500 mm,划分单元尺寸为 10 mm×10 mm。截面配筋为拉区四根钢筋,压区两根钢筋,如图 3-12 所示,钢筋按照其受火位置的不同,分别命名为 bar1、bar2 和 bar3。拉区和压区钢筋的轴心距(钢筋轴心到混凝土表面的距离)均为 35 mm。钢筋混凝土梁按照假定为三面受火(底面和左右两侧),不同的火灾升温曲线下,其温度场显示均为 U 形层状,如图 3-13 所示。

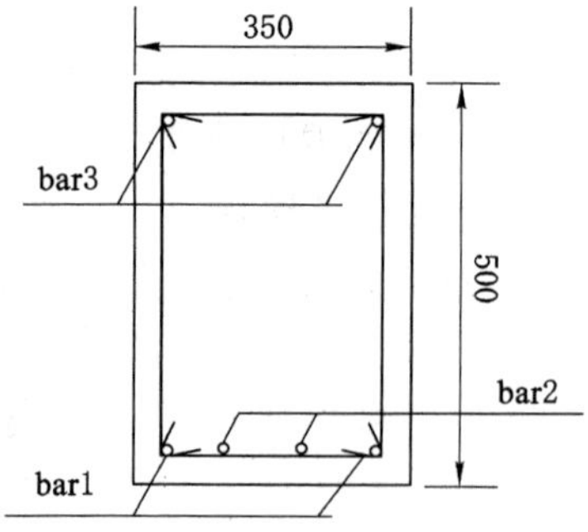

图 3-12　截面上钢筋的命名和排列

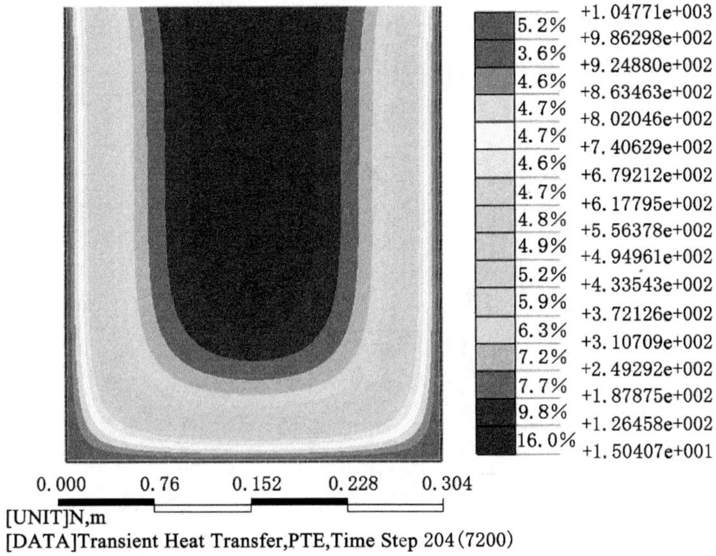

图 3-13　三面加热的梁截面温度场(t=2 h)

图 3-14 中分别给出了三种参数化火灾升温曲线下,钢筋 bar1、bar2 和 bar 3 的温度随时间的变化曲线。(图 3-14 中,钢筋符号后面的时间,表示参数化火灾升温曲线的最大加热时间 $t^*_{\max}$)。

通过三种考虑火灾降温段的参数化火灾升温曲线下钢筋温度的变化曲线可以看出:

(1) 在三面受火的工况下,构件截面内部的温度场会相对高于单面受火,这一点从钢筋温度上可以明显地体现出来。钢筋 bar1 的温度明显高于同等高度的钢筋 bar2 的温度。

(2) 在参数化火灾升温曲线的升温段,钢筋温度与 2 h 标准火灾升温曲线的温度完全相同。当参数化火灾升温曲线开始降温时,其温度最高的钢筋 bar1 的温度仍会继续增加并持续约 20 min,而距离混凝土受火表面更远的钢筋,这种延迟下降的时间会持续得更长。这主要是因为温度变化的延迟是由混凝土的热惰性导致的,因此距离受火面的混凝土厚度越厚,延迟时间越长。

(3) 对于拉区受力钢筋(钢筋 bar1 和钢筋 bar2),它们在考虑下降段的火灾升温曲线下的温度远小于标准火灾升温曲线下的温度,其受火 2 min 后的温度差可以达到 500 ℃。

不同火灾升温曲线下钢筋温度的差异对钢筋混凝土构件的火灾性能和承载力有显著的影响。因此,火灾场景和结构的受火状态是影响钢筋混凝土构件火

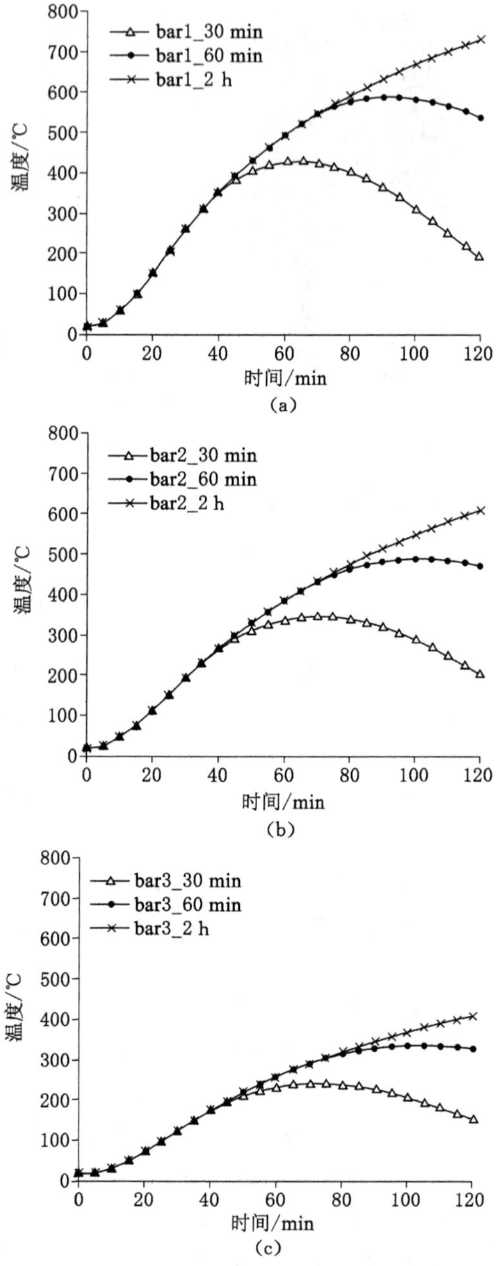

图 3-14　三种火灾升温曲线下钢筋的温度

(a) 钢筋 bar1 的温度;(b) 钢筋 bar2 的温度;(c) 钢筋 bar3 的温度

灾性能的重要因素，在性能化抗火设计和结构火灾行为研究中应予以重视。

3.4 本章小结

本章主要介绍了不同火灾场景下的火灾升温曲线以及给定的火灾升温曲线下结构温度场的计算步骤，介绍了结构温度场计算的基本假定和理论方法，通过有限元软件 DIANA 热分析单元计算分析了钢筋混凝土梁在不同受火条件、不同火灾升温曲线下的内部温度场并进行了对比分析。主要得出以下结论：

（1）钢筋混凝土结构形式及其在火灾条件下的受火面对其温度场的分布有重要的影响。单面受火构件截面温度场呈层状分布，越远离受火面，温度梯度越小，三面受火构件截面温度场呈 U 形分布。

（2）不同火灾升温曲线下的截面温度场，其升温过程对温度场的分布形状影响不大，但是对截面达到的最高温度有直接的影响，火灾升温曲线的温度越高，截面温度越高。

（3）对于考虑火灾降温段的参数化火灾升温曲线，构件截面的温度场也随着温度曲线的变化而有相同趋势的变化，但是由于混凝土的热惰性，变化具有一定的延迟。

4 钢筋混凝土梁火灾行为的数值计算方法

4.1 引言

当钢筋混凝土结构受到火灾时，其结构或构件的热膨胀会导致构件内部的附加应力和变形。同时，由于材料在高温下的力学性能的下降，导致构件承载能力大幅度降低，变形增大，从而威胁结构在火灾高温下的安全性。因此，有必要建立可靠而有效的数值计算方法对钢筋混凝土构件的火灾行为进行预测。欧规 2、fib规范和 ACI 规范中提供了简化计算方法，适用于暴露于标准火灾升温曲线下无约束构件的抗火计算，然而，由于过多地简化，无法更加细化地分析不同参数对构件耐火性能的影响。

借助大型通用有限元软件，可以实现高温下整体结构的建模以及有限单元的精细化，使得计算结果更加精密。但是，高温下模拟钢筋混凝土结构的过程复杂，在实际设计中计算量太大，耗时长，操作复杂，并且限制了研究人员对于不同高温材料模型的使用与对比研究。因此，有必要根据使用要求，提出一个简单实用的研究模型。

目前，不少学者通过发展有限元计算模型进行钢筋混凝土结构的热力耦合计算分析，用以模拟结构的火灾行为。Huang 等[31, 32]采用非线性有限元理论研究常温和高温下钢筋混凝土构件的力学行为。Lu 等[56, 57]使用非线性有限元方法编制了计算程序，模拟并分析了火灾高温下钢筋混凝土梁的内力、温度场和变形的变化，并通过试验验证了分析结果的正确性。Yang 等[58]对简化截面法进行了修改，并提出了更精确的分区方法。Dwaikat 和 Kodur[61-65]从性能化的角度出发，提出了分析混凝土梁高温反应的数值模型。这些研究项目对钢筋混凝土结构的耐火性能作出了合理的评价。然而，由于钢筋混凝土结构火灾行为研究参数较多，计算复杂，对端部约束条件对钢筋混凝土梁受火性能的影响仍然需要进行深入研究。

基于上述研究，本书通过非线性有限元理论和多步迭代的求解方法，提出了具有端部约束的钢筋混凝土梁火灾行为分析的简化计算方法，并且利用 MAT-

LAB完成了计算程序的设计。该方法针对不同时间步内构件截面常温和高温下的内力平衡分析，提出了有效刚度的概念，并代入结构响应计算公式中，得出结构在火灾高温下的极限承载能力、高温变形等火灾响应。最后，通过该方法对既有的火灾试验进行了模拟，模拟结果与试验结果吻合良好，验证了该方法的有效性与准确性。

4.2 高温下截面平衡状态分析

4.2.1 截面分析基本假定

本书基于截面温度场，针对钢筋混凝土矩形截面的受力特点，开展了受弯构件的截面平衡状态分析并提出了简化求解方法。截面分析基于以下假设开展：

(1) 构件满足平截面假定，即弯曲后的截面仍然保持平面[61-62]。

(2) 忽略钢筋和混凝土之间的滑移，假设混凝土和钢筋之间黏结完好。

(3) 对于经受弯曲的RC构件，不考虑剪切变形的影响。

(4) 在对冷却过程的模拟中，假定混凝土的热应变和应力引起的应变的弹性部分可以按照冷却过程中的温度情况恢复，但是瞬态蠕变应变和应力引起的应变的塑性部分无法恢复，而且冷却后混凝土的强度被认为不会恢复。

(5) 基于以下规则将混凝土爆裂纳入数值模型中：① 爆裂只发生在用高强混凝土或高性能混凝土制造的钢筋混凝土构件中，普通混凝土构件或具有聚丙烯纤维的混凝土构件中不发生爆裂；② 爆裂发生在混凝土中的温度超过350 ℃时；③ 在计算过程中，通过删除爆裂部位钢筋外侧的混凝土保护层来模拟爆裂的影响。

(6) 在计算中的各个受火时间步内，检查每个单元的应力和应变。如果该单元的计算拉应力或者压应力超过了其对应的材料强度，则判定为混凝土开裂或者压碎，则在后面的计算中该单元的贡献被设置为0。

基于以上假设，所提出的数值模型能够考虑非线性高温材料特性、不同的火灾场景、端部约束的约束效应、完整的结构(梁)火灾行为、不同的混凝土本构模型(如不同的骨料类型、纤维混合物和混凝土强度)以及简单的爆裂机制。

4.2.2 高温下钢筋与混凝土的应变

1. 混凝土的热应变

根据fib规范46[25]和Anderberg等[100]的研究，高温下混凝土的总应变是四个部分的总和:应力引起的应变、热膨胀、瞬态应变和蠕变。

$$\varepsilon_{c,tot}(\theta)=\varepsilon_{c,\sigma}(\sigma_c,\theta)+\varepsilon_{c,th}(\theta)+\varepsilon_{c,tr}(\sigma_c,\theta)+\varepsilon_{c,cr}(\sigma_c,\theta,t) \tag{4-1}$$

式中 σ_c——混凝土所受的应力,N/mm;

θ——混凝土的温度,℃;

t——混凝土的受火时间,s;

$\varepsilon_{c,tot}$——温度 θ 时混凝土的总应变;

$\varepsilon_{c,\sigma}$——温度 θ 时混凝土应力引起的应变;

$\varepsilon_{c,th}$——温度 θ 时混凝土的热膨胀;

$\varepsilon_{c,tr}$——温度 θ 时混凝土的瞬态应变;

$\varepsilon_{c,cr}$——温度 θ 时混凝土的蠕变。

2. 钢筋的热应变

由于钢筋不存在瞬态应变,其应变模型只包含三个部分,如式(2-45)所列。

本书采用的欧规 2 中提供的应力-应变关系和热应变表达式,在第 3 章中有所介绍。由于简化计算的需要,在后续的计算中将钢材的应力-应变关系进行了部分简化,如图 4-1 中虚线所示,即将钢筋强度的退化阶段,简化为理想的常数阶段和跳跃式下降段,达到极限应变,直接导致结构破坏,忽略承载力的下降段。

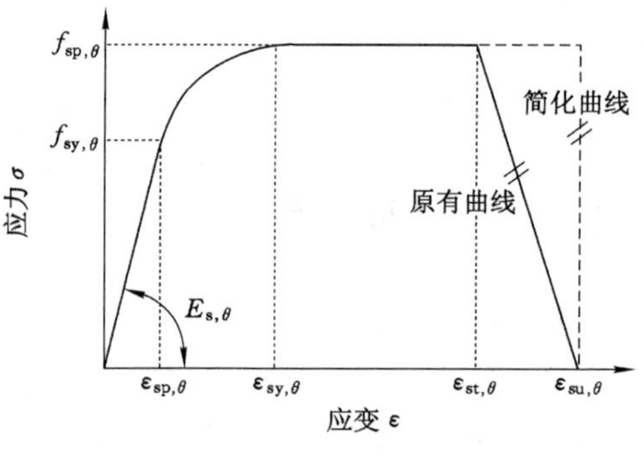

图 4-1 基于 EC2 的简化钢筋应力-应变关系曲线

4.2.3 截面平衡状态分析

首先,根据钢筋混凝土梁的模型进行坐标的设置及构件单元的划分。以梁的纵向作为 X 轴,梁高度的方向作为 Y 轴,梁左侧的截面中心点作为坐标系的原点,见图 4-2。Z 轴方向沿着构件截面的宽度方向,Y 轴和 Z 轴的交点为截面的形心,如图 4-3 所示。之后,将构件沿其 X 轴方向进行单元划分,划分成相等长度的足够小的小单元，对于每个单元来说，其构件的性质可以由段中截面的性质来替代，从而将结构的问题转化为截面分析的问题。

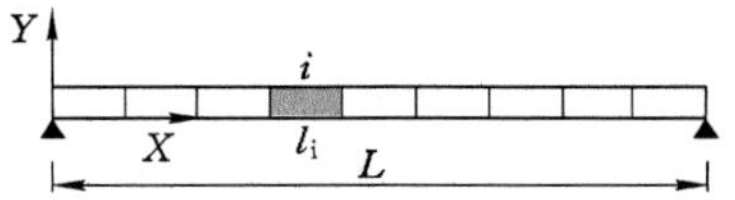

图 4-2　钢筋混凝土梁模型坐标设置及单元划分

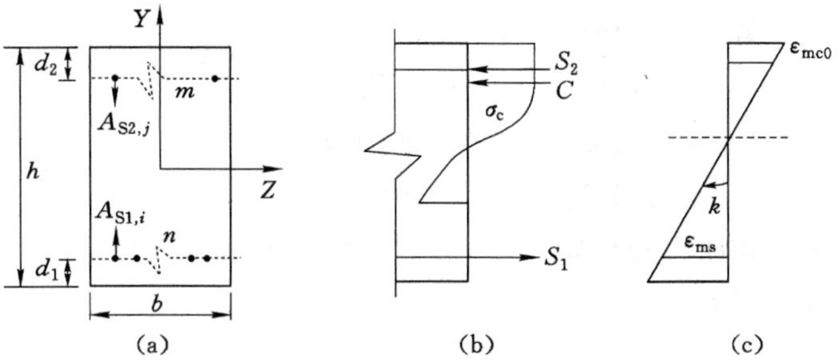

图 4-3　梁横截面示意图

(a) 横截面Ⅰ　Ⅰ，(b) 截面应力分布，(c) 截面应变分布

根据图 4-3 构件截面的应力和应变分布，以及章节 4.2.1 中提到的基本假定，梁截面的最终平衡状态可以归结为轴力的平衡和弯矩的平衡，如下式所列：

$$N_{external}=N_{inner} \tag{4-2}$$

$$M_{external}=M_{inner} \tag{4-3}$$

式中　$N_{external}$——施加在构件截面上的轴向力；

N_{inner}——构件截面上混凝土和钢筋应力引起的总轴向内力；

$M_{external}$——施加在构件截面上的弯矩；

M_{inner}——构件截面上混凝土和钢筋应力引起的总弯矩。

其中构件截面的总轴向内力包含三个部分，如下式所列：

$$C+S_1+S_2=N_{inner} \tag{4-4}$$

式中　C——混凝土内力的合力；

S_1——受拉钢筋内力的合力；

S_2——受压钢筋内力的合力。

混凝土内力的合力可以通过对横截面上的混凝土的应力对面积的积分来确定。

$$C = \iint \sigma_c(z, y, \theta, t) \mathrm{d}y\mathrm{d}z \tag{4-5}$$

受拉钢筋内力的合力可以通过式(4-7)计算，受压钢筋内力的合力可以通过下式计算：

$$S_1 = \sum_{i=1}^{n} A_{S1,i}\sigma_{S1,i}\theta_{S1,i} \tag{4-6}$$

$$S_2 = \sum_{j=1}^{m} A_{S2,j}\sigma_{S2,j}\theta_{S2,j} \tag{4-7}$$

式中　$A_{S1,i}$——第 i 根受拉钢筋的截面积；

$A_{S2,j}$——第 j 根受压钢筋的截面积；

$\theta_{S1,i}$——第 i 根受拉钢筋的轴心处的温度；

$\theta_{S2,j}$——第 j 根受压钢筋的轴心处的温度；

n,m——受拉钢筋和受压钢筋的数量。

在所有拉力和压力被确定之后，通过向截面的底部受拉钢筋处求力矩，得到内部力矩的表达式为：

$$M_{\mathrm{inner}} = \iint \sigma_c(z, y, \theta, t)(h/2 + y - d_1)\mathrm{d}y\mathrm{d}z + \sum_{j=1}^{m} A_{S2,i}\sigma_{S2,i}\theta_{S2,i}(h - d_1 - d_2) \tag{4-8}$$

式中　d_1——受拉钢筋轴心到最近混凝土表面的距离；

d_2——受压钢筋轴心到最近混凝土表面的距离。

4.2.4　多步迭代求解法

为了求解内力平衡方程，需要将横截面划分为面积相等的若干个小单元，小单元足够小，从而可以假定同一个小单元内各点温度相同，同一种材料的应力、应变相同。截面的总内力可以通过对小单元上的内力求和得到。

(1) 首先将横截面划分为若干个小矩形单元。单元(α,β)的中心在截面坐标系中的相关位置是(x_α, y_β)。小单元的网格尺寸将直接影响温度梯度的计算结果。

(2) 第二步，根据温度场结果和小单元四个角点的温度，计算出单元中心的平均温度并用来表示单元的温度。基于该平均温度确定该单元混凝土或者钢筋的热应变和应力-应变关系。

(3) 第三步，根据小单元的温度和材料的应力-应变表达式，计算各小单元的应力。基于假设(1)，混凝土和钢筋的总应变分布具有线性关系，如图 4-3(c)所示。因此截面上各小单元的应变之间可以用曲率 k 和截面最顶层混凝土单元的应变表示。因此混凝土单元的总应变可由式(4-9)得到，受拉钢筋单元的总应变可以由式(4-10)计算，受压钢筋单元的总应变可以由式(4-11)计算。

$$\varepsilon_{c,tot}(\alpha,\beta)=\varepsilon_{mc0}-k(h/2-y_{\beta}) \quad (4\text{-}9)$$

$$\varepsilon_{S1,tot}(i)=\varepsilon_{mc0}-k(h-d_1) \quad (4\text{-}10)$$

$$\varepsilon_{S2,tot}(j)=\varepsilon_{mc0}-kd_2 \quad (4\text{-}11)$$

式中 $\varepsilon_{c,tot}(\alpha,\beta)$——表示混凝土单元$(\alpha,\beta)$的总应变；

ε_{mc0}——截面最顶层混凝土的总应变，作为其他单元的参考应变；

k——截面所在构件的曲率；

h——截面高度；

y_{β}——混凝土单元(α,β)中心的Y坐标位置；

$\varepsilon_{S1,tot}(i)$——受拉钢筋i的总应变；

$\varepsilon_{S2,tot}(j)$——受压钢筋j的总应变。

为了获得每个小单元的应力，应首先计算混凝土在高温下的应力引起的应变$\varepsilon_{c,\sigma}$和钢筋在高温下的瞬时应力相关应变$\varepsilon_{S1,\sigma}$，$\varepsilon_{S2,\sigma}$。对于混凝土，$\varepsilon_{c,\sigma}$可以通过将总应变$\varepsilon_{c,tot}(\alpha,\beta)$代入式(4-1)中，从而得到式(4-12)。对于钢筋，$\varepsilon_{s1,\sigma}$可以通过将式(4-10)中的$\varepsilon_{S1,tot}(i)$代入式(2-45)，得到式(4-13)来计算；同理，$\varepsilon_{S2,\sigma}$可以通过式(4-11)中的$\varepsilon_{S2,tot}(j)$代入式(2-45)来计算。

$$\varepsilon_{c,\sigma}(\alpha,\beta)=\varepsilon_{mc0}-k(h/2-y_{\beta})-\varepsilon_{c,th}(\theta)-\varepsilon_{c,tr}(\sigma_c,\theta)-\varepsilon_{c,cr}(\sigma_c,\theta,t) \quad (4\text{-}12)$$

$$\varepsilon_{S1,\sigma}(\sigma_{S2,j},\theta_{S1,i})=\varepsilon_{mc0}-k(h-d_1)-\varepsilon_{S1,th}(\theta_{S1,i}) \quad (4\text{-}13)$$

$$\varepsilon_{S2,\sigma}(\sigma_{S2,j},\theta_{S2,i})=\varepsilon_{mc0}-k(h-d_2)-\varepsilon_{S2,th}(\theta_{S2,j}) \quad (4\text{-}14)$$

在每个给定的时间步t时刻，计算出应力相关的应变，便可以通过应力-应变关系反推混凝土单元的应力$\sigma_c(z,y,\theta,t)$和钢筋单元的应力$\sigma_{S1,i}$，$\sigma_{S2,j}$。

(4) 第四步，对整个横截面各个小单元的内力进行积分求和求解内力和力矩。基于各个单元应变计算的假定，即各个单元的应变都是曲率k和最顶层混凝土单元应变ε_{mc0}函数，因此，轴力和弯矩总平衡方程都是这两个参数的函数。对于给定的轴向力$N_{external}$，可以进行曲率k的迭代以实现轴向力的平衡，从而确定力矩和曲率的关系，直至达到曲率增加而力矩不再增大的状态，此时可以推导出构件的最大承载弯矩。

(5) 第五步，提出横截面的等效抗弯刚度的概念。钢筋混凝土梁沿X轴方向各小单元的等效抗弯刚度是模拟结构火灾行为的关键参数。根据横截面的计算结果，可以通过下式定义小单元的有效抗弯刚度：

$$EI_{eff}(t,\tilde{\theta})=\frac{M}{k-k_t} \quad (4\text{-}15)$$

式中 $\tilde{\theta}$——给定时间步 t 时刻截面的温度场；

$EI_{\text{eff}}(t,\tilde{\theta})$——$t$ 时刻及该温度场下，构件的有效抗弯刚度；

M——构件的弯矩；

k——t 时刻该段构件的曲率；

k_t——t 时刻载荷为零时的曲率，即热曲率。

对于受到负弯矩的构件，如钢筋混凝土梁靠近端部约束的位置，可以用同样的方法计算等效抗弯刚度，在这种情况下，其截面是压区受到高温。

4.2.5 截面分析算例

通过本书提出的截面分析方法，用于计算 ISO-834 标准火灾下简支矩形梁的模型，从而验证本书的计算方法。该矩形梁的基本计算参数如表 4-1所列，计算结果 M-k 曲线如图 4-4 所示。

表 4-1 简支梁的计算参数(Lu, et al. 1996)[56]

b/mm	h/mm	d_1/mm	d_2/mm	f_c/MPa	f_y/MPa	A_S/mm^2	m	n
250	400	25	25	30	500	314	2	3

注：表中符号见截面分析公式，其中 d_1 和 d_2 分别为拉区钢筋和压区钢筋的保护层厚度，m 为压区配筋个数，n 为拉区配筋个数，A_S 为单个钢筋的截面积。

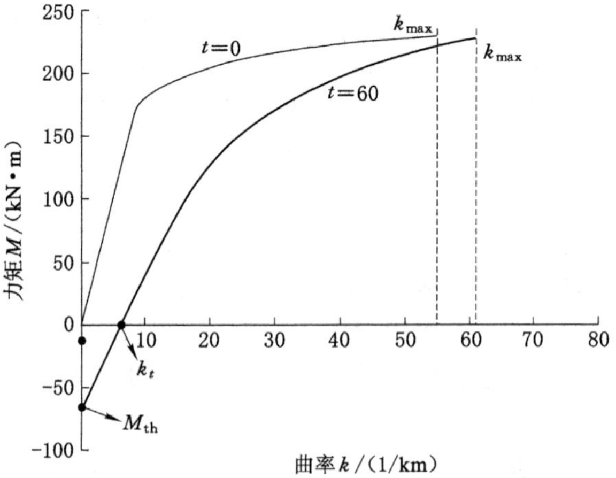

图 4-4 ISO-834 温度曲线下矩形梁的 M-k 曲线

从本算例分析可以得出以下结论：

(1) 当轴向力固定时，在这种情况下 $N_{\text{external}}=0$，可以求得构件截面的 M-k

曲线。横截面的极限弯矩取决于钢筋在高温下的极限强度，也可以在图 4-4 中曲率 k 增加而弯矩不再明显增加处求得构件的极限弯矩。

(2) 在高温下，在没有外荷载时，结构也会由于温度膨胀而发生弯曲变形，即热曲率 k_t。该曲率可以用来模拟无载荷梁的高温变形。

(3) M_{th}是用于约束高温造成的热曲率 k_t 的总弯矩。该弯矩可以用于模拟固定转动约束的影响，是具有端部约束构件火灾行为非线性分析的关键因素。

4.3 高温下结构响应的计算

4.3.1 基本假定和构件失效准则

实际工程中的钢筋混凝土梁，除了受到从上部结构传递的荷载之外，还受到周围构件施加的轴向约束和转动约束。这些约束在结构受火的过程中，可能会随着火灾的蔓延而发生变化。为了研究端部约束对构件火灾行为的影响，可以通过施加轴向力和约束弯矩来简化端部约束的作用，即在构件的端部施加四个约束弹簧（两个轴向约束弹簧、两个转动约束弹簧），通过改变弹簧的刚度模拟构件端部约束作用的变化，如图 4-5 所示。具体介绍详见 6.2.2 章节。

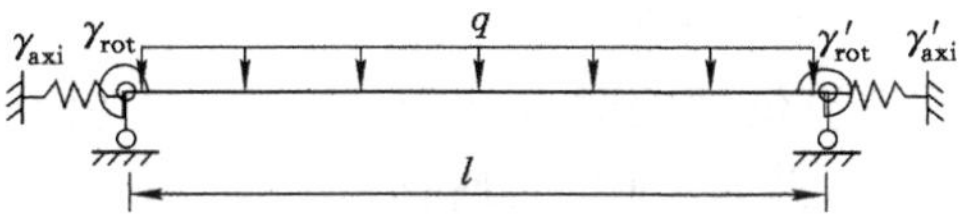

图 4-5　具有端部约束的钢筋混凝土梁简化模型

γ_{axi}，γ'_{axi}——轴向约束度；γ_{rot}，γ'_{rot}——转动约束度

根据图 4-5 所示的简化模型进行结构响应的非线性计算，通过施加变形或承载能力的失效准则，可以确定构件的耐火时间（或耐火性能）。国内外设计规范和准则中列出了许多失效准则，其中公认且被广泛应用的失效准则有以下三个，第一个失效准则取自 ASTM 119[67]，第二个和第三个取自 BS 476 [6]。

(1) 任意受火时间 t 时刻，施加的外荷载超过该构件的承受能力；

(2) 任意受火时间 t 时刻，构件的最大变形超过 $L/20$(mm)，其中 L(mm)是构件的跨度；

(3) 任意受火时间 t 时刻，构件的最大变形率超过 $L^2/9\ 000\ h_0$(mm/min)，其中 L(mm)是构件的跨度，h_0(mm)是构件截面的有效高度。

在本书的计算分析中没有考虑结构构件的剪切失效。

4.3.2 构件的平衡状态

首先要对构件进行有限单元的划分，从而使结构问题转化为截面分析问题。构件变形增量示意图如图 4-6 所示。

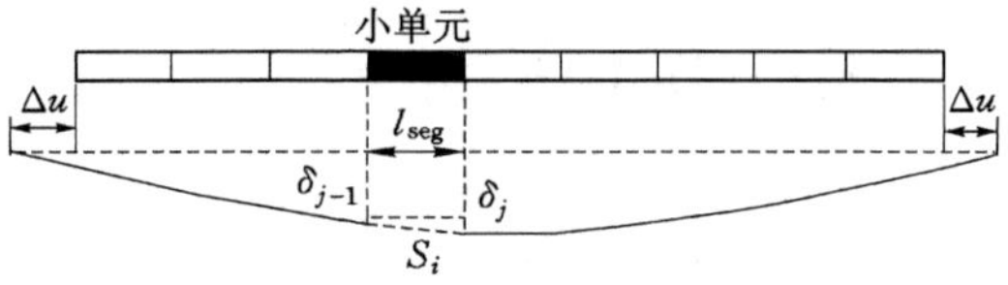

图 4-6　构件变形增量示意图

对于每个构件小单元，其内力和刚度可以用其中间截面来替代，从而推导出结构在某个时间步的外力平衡方程：轴向力平衡方程和弯矩平衡方程。

1. 轴向力平衡方程

假定轴向力沿构件长度方向是恒定的，则在轴向约束的影响下，构件的轴向力随温度的变化而发展，如下式所列：

$$N_{\text{external}}=N_{\text{load}}+N_{\text{th}} \tag{4-16}$$

式中　N_{load}——受弯构件直接承受的轴向荷载，N；

N_{th}——端部约束提供的轴向力，随着温度的升高而变化，N。

端部约束提供的轴向力 N_{th} 如下式所列：

$$N_{\text{th}}=\gamma_{\text{axi}}\frac{EA(\tilde{\theta})}{L}\Delta u=\gamma'_{\text{axi}}\frac{EA(\tilde{\theta})}{L}\Delta u' \tag{4-18}$$

式中　γ_{axi}，γ'_{axi}——构件两侧的轴向约束刚度比(轴向约束度)，即端部约束的轴向刚度与构件的轴向刚度比值；

Δu，$\Delta u'$——构件梁端的轴向变形量，mm；

L——构件的初始跨度，mm。

本书采用一种简化的方法来计算轴向变形，假定每个部件的轴向几何中心都有伸长，如图 4-6 所示。某时间步内，热膨胀后的构件总长度 L'_t 将被计算为所有单元变形量 $l_{j,t}$ 的总和，如下式所列：

$$l_{j,t}=\sqrt{s_j{}^2-(\delta_j-\delta_{j-1})^2} \tag{4-18}$$

$$L'_t=\sum_j\sqrt{s_j^2-(\delta_j-\delta_{j-1})^2} \tag{4-19}$$

式中 $l_{j,t}$——t 时刻小单元沿构件长度方向的长度，mm；

L'_t——t 时刻构件 x 方向的长度，mm；

δ_j，δ_{j-1}——分别为构件单元节点 j，j-1 处的竖向位移，mm。

s_j——t 时刻变形之后的轴向小单元的长度，mm。

s_j 其可以基于小单元的初始长度 l_{j0} 和混凝土单元沿着中心线的总应变来计算，如下式所列：

$$s_j = l_{j0} + l_{j0}(\varepsilon_{mc0} - kh/2) \tag{4-20}$$

式中 l_{j0}——小单元沿构件长度方向的初始长度，mm。

综上，构件沿其轴向的变形，可以通过各单元的变形和两端的变形差来确定，可以按下式计算。

$$\Delta u + \Delta u' = L'_t - L = \sum_j \sqrt{[l_{j0} + l_{j0}(\varepsilon_{mc0} - kh/2)]^2 - (\delta_j - \delta_{j-1})^2} - L \tag{4-21}$$

2. 弯矩平衡方程

施加到构件横截面上的弯矩 $M_{external}$，是其轴线方向的位置 x 的函数。在高温下，由于转动约束、轴向载荷和挠度引起的二阶效应，它主要包含三个部分，如下式所列：

$$M_{external}(x,t) = M_{load}(x) + M_{thermal}(x,t) + M_{sec\text{-}order}(x,t) \tag{4-22}$$

式中 M_{load}——外荷载引发的弯矩，不随温度变化，N·mm；

$M_{thermal}$——温度变形受到限制而引发的端部约束弯矩，N·mm；

$M_{sec\text{-}order}$——轴向力与构件变形引发的二阶效应，为二者的乘积，N·mm。

在结构受火的 t 时刻，构件的温度变形引发的热弯矩 M_{th} 可以根据章节 4.2 中截面分析的计算结果 M-k 关系中得到。之后，根据构件端部转动约束比进行约束弯矩的分配，从而计算出端部约束弯矩 $M_{thermal}$，见下式。

$$M_{thermal}(x=0,t) = \frac{c(1+b)}{1-(ab)^2} M_{th} \tag{4-23}$$

$$M_{thermal}(x=L,t) = \frac{d(1+a)}{1-(ab)^2} M_{th} \tag{4-24}$$

其中 a，b，c 和 d 是转动约束刚度比（转动约束度）的函数，由下式计算。

$$\begin{cases} a = 2/(4+\gamma_{rot}) \\ b = 2/(4+\gamma'_{rot}) \\ c = \gamma_{rot}/(4+\gamma_{rot}) \\ d = \gamma'_{rot}/(4+\gamma'_{rot}) \end{cases} \tag{4-25}$$

4.3.3 结构响应计算

对于结构响应的非线性问题，通常可以表示为：

$$\boldsymbol{\psi}=\boldsymbol{P}(\boldsymbol{U})-\boldsymbol{R}=0 \tag{4-26}$$

其中，$\boldsymbol{U}$ 是总体位移向量，$\boldsymbol{P}(\boldsymbol{U})$是与位移相关的非线性函数向量，可以由等效刚度矩阵 $\boldsymbol{K}$ 与位移向量的乘积计算得出 $\boldsymbol{P}(\boldsymbol{U})=\boldsymbol{KU}$，$\boldsymbol{R}$ 是独立于 $\boldsymbol{U}$ 的荷载向量。

对于该结构响应非线性方程，本书采用增量法和迭代法相结合进行求解。首先将整个受火过程分为若干个时间步，每个时间步内的荷载分别为$\boldsymbol{R}_0$，$\boldsymbol{R}_1$，$\boldsymbol{R}_2$，…，$\boldsymbol{R}_n$，位移同样分为若干步，即$\boldsymbol{U}_0$，$\boldsymbol{U}_1$，$\boldsymbol{U}_2$，…，$\boldsymbol{U}_n$，则每两个时间步内的位移的增长量即增量。假设第 m 步的荷载和位移已知，则下一个时间步内荷载增加为$\boldsymbol{R}_{m+1}=\boldsymbol{R}_m+\Delta\boldsymbol{R}_m$，由于受到结构的端部约束的影响，在其各个增量中同时考虑了温度膨胀引起的轴向约束力和转动约束引起的节点弯矩，以及轴向力引起的二阶效应。相应的位移增量为：$\boldsymbol{U}_{m+1}=\boldsymbol{U}_m+\Delta\boldsymbol{U}_m$，构件的等效刚度矩阵 $\boldsymbol{K}$ 由章节 4.2 的截面分析计算得出，从而推算出 $\boldsymbol{P}(\boldsymbol{U})_{m+1}$。由于各个增量式之间参数具有相关性，需要通过迭代法进行多步迭代直到满足收敛准则，才能确定第 $m+1$步的结构节点力和节点位移。采用该方法能够得到结构中间任何荷载和时间步内结构的位移和应力、应变的变化情况。

4.4 程序设计

钢筋混凝土梁火灾行为非线性计算，可以通过高温下钢筋混凝土受弯构件截面平衡状态的分析与结构响应的分析计算得出。本书作者基于 MATLAB 软件进行了设计与编程。高温下结构截面分析子程序流程见图 4-7；高温下钢筋混凝土梁火灾行为计算程序流程如图 4-8 所示。

在进行结构火灾响应数值计算时，首先输入必要的计算参数，包括构件尺寸、配筋情况及保护层厚度、材料高温模型、火灾升温曲线、结构外荷载和端部约束状况。然后，进行子程序计算。进行温度场分析，导入温度场计算结果进行截面分析，得到各个时间步内截面的弯矩-曲率关系曲线，以及极限承载力和等效抗弯刚度。接着，将截面分析的结果代入结构分析总程序中。计算 t_i 时间步的荷载增量、总刚度矩阵，求解结构响应的非线性方程，求解位移增量和应变增量，之后验证是否满足收敛准则，不满足则进行多步迭代，直到满足收敛准则，则该时间步动力响应计算结束。接下来，进入下一个时间步，直到达到受火最后时刻为止。

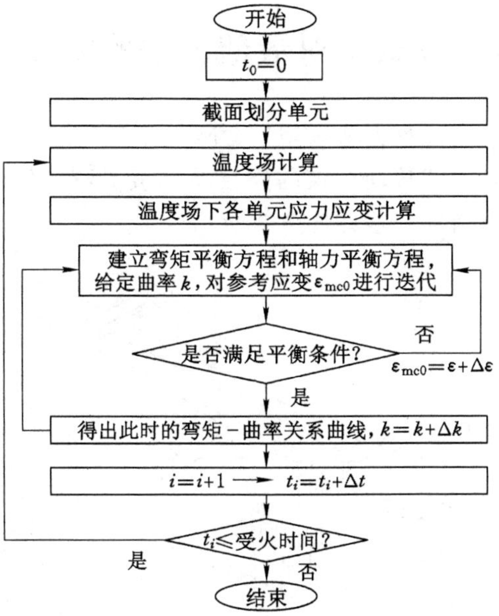

图 4-7　高温下结构截面分析子程序流程图

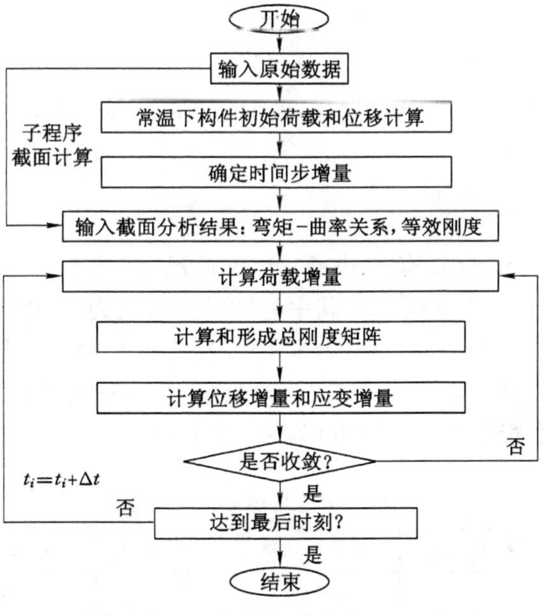

图 4-8　高温下钢筋混凝土梁火灾行为计算程序流程图

4.5 基于既有火灾试验对数值方法的验证与分析

本书所提出的数值计算方法，是通过 Minne 等[143]于 1979 年开展的简支单向板受弯构件和具有端部转动约束的连续单向板受弯构件的火灾试验结果进行了验证。简支板试验结构布置如图 4-9 所示。

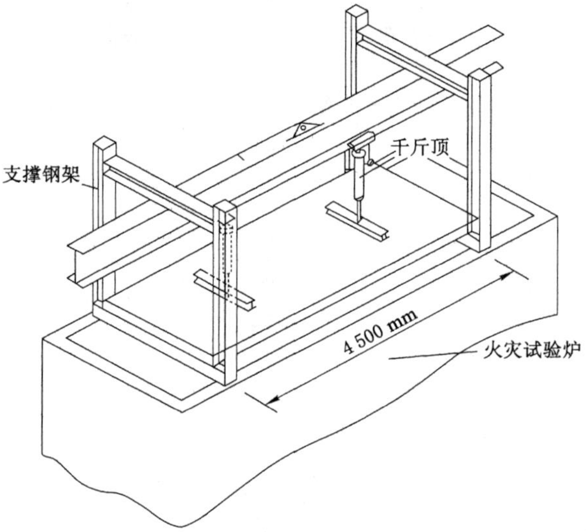

图 4-9 简支板试验结构布置图(Minne 等,1979)[143]

4.5.1 简支单向板试验模型

该简支单向板试验共有三块板，单向板尺寸（宽度×厚度×长度）均为 1 900 mm×150 mm×4 900 mm，其中有效受火长度为 4 500 mm。三个被测试的简支板（编号 G1、G2、G3），采用相同的混凝土材料浇筑。与三块板试验同期测试的常温混凝土试块强度见表 4-2。同时，三块板纵向抗拉钢筋配筋率不同，并且具有不同的混凝土保护层厚度（如表 4-3 所列）。

表 4-2　千斤顶施加力与混凝土材料性能

简支板编号	千斤顶施加力/kN	f_c/(N/mm²)	f_{ct}/(N/mm²)	E_c/(N/mm²)	ρ_c/(kg/m³)
G1	14.5	53.4	4.62	45 200	2 420
G2	15.7	54.6	4.63	38 100	2 400
G3	14.6	53.8	5.45	39 800	2 393

表 4-3 常温下钢筋性能

简支板编号	纵筋			向钢筋数量	保护层厚度/mm
	f_y/(N/mm²)	$\varepsilon_{failure}$/%	数量		
G1	504	17.7	15Φ10	26Φ6	15
G2	504	107.7	17Φ10	26Φ6	25
G3	504	17.7	18Φ10	26Φ6	35

三块板的设计活荷载均为 3 kN/mm²,钢筋的容许应力为 240 N/mm²。试验时,简支单向板的荷载由两个液压千斤顶来实现,两个千斤顶分别放置于跨度有效长度的 1/4 和 3/4 处,通过分配梁实现沿宽度方向的均布加载,如图 4-9 所示。为了使钢筋混凝土板上施加与使用荷载等效的最大力矩和反力,两个液压千斤顶的作用力分别计算为 G1 为 14.5 kN、G2 为 15.7 kN、G3 为 14.6 kN。简支单向板火灾试验采用了 ISO-834 标准火灾升温曲线,板底单面受火。

4.5.2 简支单向板试验结果与计算结果对比

通过本书提出的数值计算方法,采用 EC2 提供的隐式混凝土高温本构模型,对单向板试验进行了温度场和力学性能的模拟,对比了钢筋混凝土单向板钢筋位置的温度和板的跨中挠度(单向板变形最大的位置)。

(1) 根据温度场计算假定,单向板的温度场计算可以简化为一维问题。图 4-10比较了三块板的板底受拉钢筋处的温度随受火时间变化的曲线。

从图 4-10 中可以看出,受拉钢筋温度模拟计算的结果均低于试验值。在 G1 破坏的时刻,受火 40 min 后,G1 钢筋温度的计算值比试验结果低 105 ℃,G2 加热 60 min 后计算值比试验结果低 70 ℃,G3 加热 2 h 后计算值比试验结果低 75 ℃。这主要归结为两个主要原因:① 由于在火灾试验中观察到了爆裂现象,但在模拟过程中未考虑爆裂因素,所以钢筋的模拟温度比试验时测得的温度低是合理的。② 受拉钢筋在板底,近受火面,当板底混凝土在火灾试验过程中开裂时,对受拉钢筋附近的温度有显著影响,但这在温度模拟过程中没有考虑。三块板中,G3 中的钢筋,由于保护层厚度最厚,使得加热过程中钢筋在混凝土内部具有最低的温度,由此可以得出受拉钢筋的混凝土保护层明显有助于提高钢筋混凝土构件抗火性能。增加钢筋混凝土保护层厚度是提高钢筋混凝土结构耐火性能的有效途径之一。

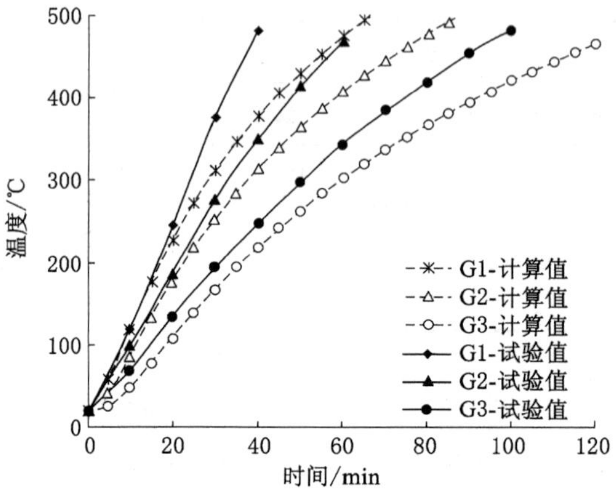

图 4-10　三块板受拉钢筋温度的试验值与数值计算结果比较

(2) G1、G2 和 G3 的跨中挠度的试验结果与计算结果的对比如图 4-11 所示。

从图 4-11 中可以得出以下结论：

(1) 试验中加热 45 min 后 G1 和 G2 相继失效，G3 受热持续 2 h 未破坏。钢筋混凝土受弯构件从受拉侧受火时，其极限承载能力主要取决于受拉侧钢筋的强度。因此，三块板中，钢筋保护层厚度最大的 G3 耐火性能最高。

(2) 由于 G1 的受拉钢筋温度上升最快且同一受火时间温度最高，抗拉强度下降最快，但是从变形上可以看出，在受火前 20 min，板的跨中挠度变化相差不大。这主要是由于受火前 20 min，钢筋的温度即使差异较大，但是温度都在 200 ℃以内。根据 EC2 提供的钢筋材料模型，钢筋温度 100 ℃以内不变、200 ℃以内受到温度的影响较小。到受火 20 min 之后，G1 的跨中挠度增加明显高于 G2 和 G3，这又进一步说明了保护层厚度对于受弯构件抗火的重要性。

(3) 试验过程中出现了严重的爆裂现象。爆裂会使板坯承载能力急剧下降，导致结构提前失效，这些在本书的模拟中没有被精确地考虑；同时模拟的钢筋温度均高于试验结果，所以模拟的 G1 在加热 80 min 后失效，模拟的 G2 在加热 100 min 后失效，这些都比试验时间长。

(4) 综合试验结果与模拟结果可以看出，尽管数值计算的结果偏于保守，但是两者的结果非常接近，同时跨中挠度变化趋势一致。因此可以得出结论：本书提出的计算方法可以适用于简支钢筋混凝土梁的火灾行为计算模拟。但是应该指出，由于爆裂导致的构件的最终失效不能被准确预测。

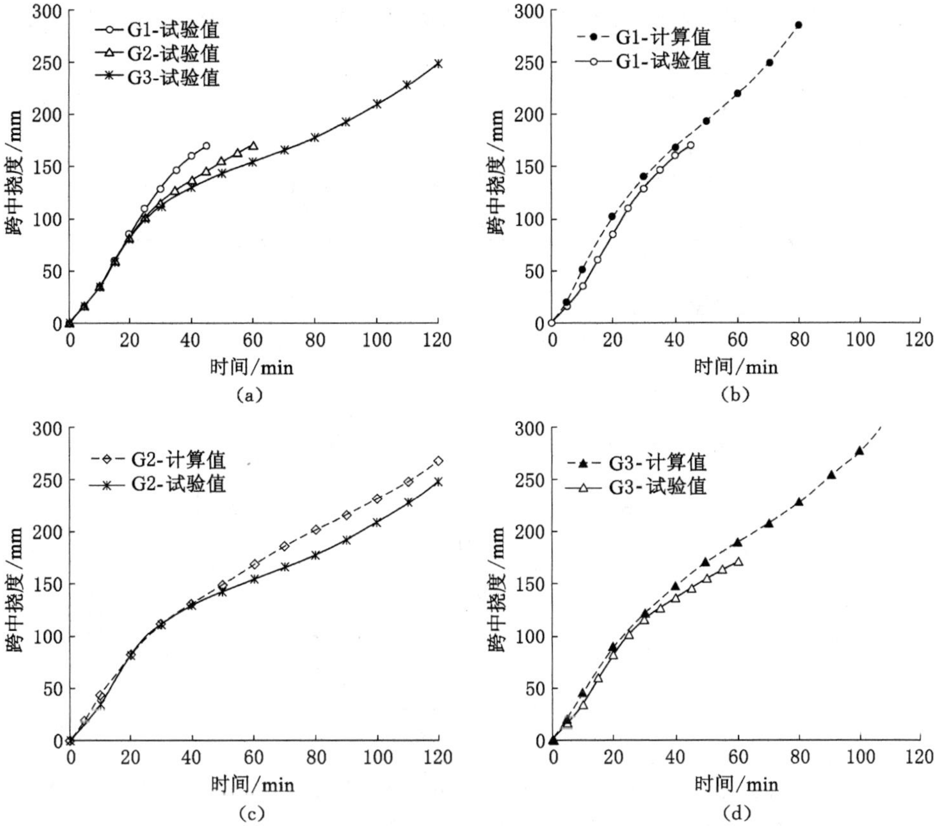

图 4-11 G1、G2 和 G3 跨中挠度的试验值与计算值比较

(a) G1、G2 和 G3 的跨中挠度试验结果；(b) G1 跨中挠度的试验值与计算值比较；(c) G2 跨中挠度的试验值与计算值比较；(d) G3 跨中挠度的试验值与计算值比较

4.5.3 连续单向板试验模型

Minne 等[143]于 1979 年的试验中，同时开展了多组约束单向板的火灾试验。本书选取其三块典型的具有端部转动约束的单向板的火灾试验进行了模拟，并用以验证所提出的数值计算方法。

这三块具有端部转动约束板的火灾试验分别模拟了三个典型连续板的边跨板，其中一侧简支，另一侧设悬臂端施加转动约束。① V5-a 是多跨（三跨以上）板的边跨，图 4-12(a)中左起第一跨，悬臂端提供初始约束弯矩 $M_0=\dfrac{(q+g)}{10}L_{\text{eff}}^2$；② V5-b 是三跨板的边跨，即图 4-12(b)中左起第一跨，悬臂端提供初始弯矩

$M_0=\dfrac{(q+g)}{9.6}L_{\mathrm{eff}}^2$；③ V5-c 是双跨板的边界跨度，图 4-12(c)中左跨，悬臂端提供初始弯矩 $M_0=\dfrac{q+g}{8}L_{\mathrm{eff}}^2$。

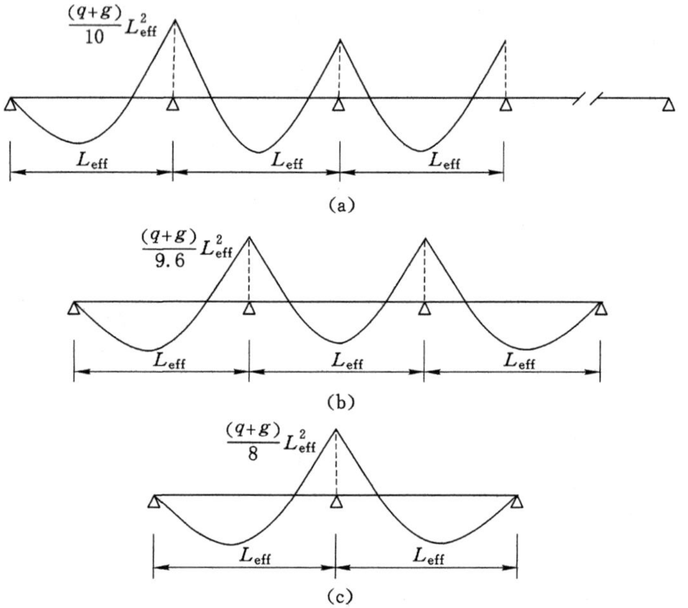

图 4-12　连续单向板 V5-a、V5-b、V5-c 的计算简图(Minne 等，1979)[143]
(a) 多跨连续板 V5-a 的计算简图；(b) 三跨连续板 V5-b 的计算简图；
(c) 两跨连续板 V5-c 的计算简图

上述一侧具有转动约束的单向板的火灾试验，单向板尺寸(宽度×厚度×长度)均为 1 900 mm×150 mm×7 500 mm，其中有效受火长度为 4 500 mm，板两侧分别具有 1 500 mm 悬臂部分，如图 4-13 所示。采用相同的混凝土材料浇筑，与三块板高温试验同期(9 个月)测试的常温混凝土试块强度见表 4-4。同时，三块板采用相同的保护层厚度，但是具有不同的拉区配筋(如表 4-5 所列)。

表 4-4　　外载荷、初始约束力矩和混凝土属性

连续单向板编号	外荷载 /kN	初始弯矩 /(kN·m)	f_c /(N/mm²)	f_t /(N/mm²)	E_c /(N/mm²)	ρ_c /(kg/m³)
V5-a	2.138	13.36	50.5	5.67	37 300	2 370
V5-b	2.138	14.22	51.0	5.48	37 200	2 380
V5-c	2.138	16.70	52.3	5.45	38 100	2 380

表 4-5　　　　板内的配筋情况及常温下钢筋的力学性能

连续单向板编号	f_y/(N/mm^2)	$\varepsilon_{failure}$/%	顶部配筋数量	底部钢筋数量	d_1/mm
V5-a	497	17.7	9Φ10+6Φ8	13Φ8	19
V5-b	504	17.7	10Φ10+6Φ8	11Φ10	19
V5-c	497	17.7	9Φ12+6Φ8	16Φ8	19

注：d_1 表示钢筋的轴心到混凝土表面之间的距离。

试验时，板按照设计标准所承受的活载荷由 12 个点载荷 Q=2.138 kN 代替，分布在板的表面，位于板长的 1/8、3/8、5/8 和 7/8 处。转动约束由液压千斤顶在其一侧的悬臂端施加压力来实现，千斤顶距板的支撑点距离为 1 200 mm，端部约束弯矩可以通过千斤顶施加的力与距离(1 200 mm)的乘积计算出来。在整个火灾试验过程中，千斤顶活塞不发生位移，千斤顶的接触点始终保持在相同的水平。这意味着在这一点上板不可能发生垂直位移。在高温试验期间，千斤顶的力不断增加，端部约束弯矩也随之增大。

一侧具有端部约束的连续单向板火灾试验采用 ISO-834 标准火灾升温曲线，板底单面受火。

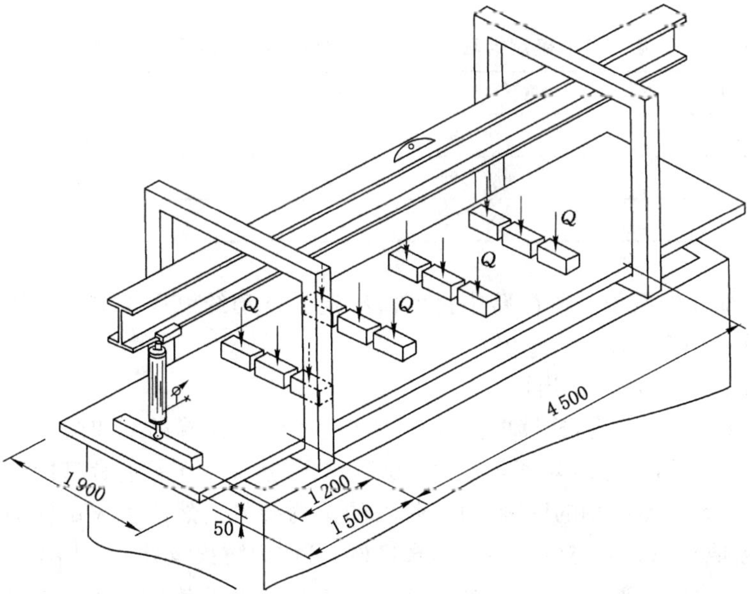

图 4-13　一侧具有转动约束的连续单向板的试验布置图

4.5.4 连续单向板的试验结果与计算结果对比

在试验过程中，端部约束弯矩随着温度升高而不断增大，试验结果如图4-14所示。表4-6列举了由板的临界挠度和高温试验确定的连续单向板的耐火时间。

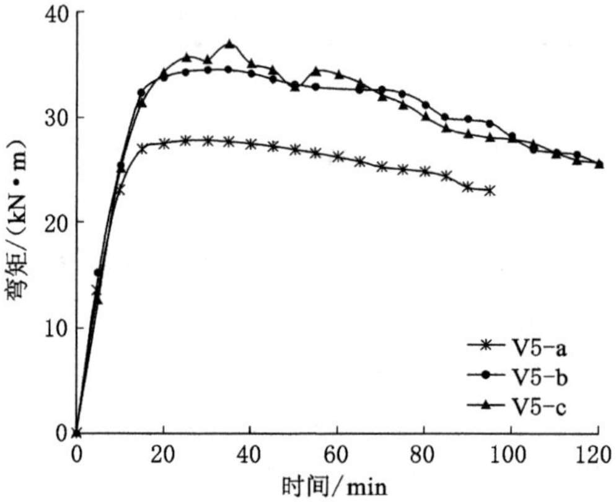

图4-14 加热过程中连续单向板V5-a、V5-b和V5-c的端部约束弯矩增量

表4-6 临界挠度确定的耐火时间和最终试验确定的耐火时间

连续单向板编号	跨中挠度等于 $L_{eff}/30$ 的时间/min	试验停止的时间/min
V5-a	93	97
V5-b	96	120
V5-c	123	135

火灾试验中测量的板的跨中挠度与给定的转动约束弯矩下的数值计算结果对比如图4-15所示。

从图4-15中可以得出以下结论：

(1) 在受火1 h内，连续单向板跨中挠度的模拟计算结果和试验结果相当接近。加热1 h后，计算结果倾向于大于试验结果，然而由于没有合理的爆裂模型以及爆裂和开裂对温度场的影响，耐火时间的预测结果仍然比火灾试验的要长。总体而言，数值模拟结果与试验结果吻合良好，可作为防火设计的实用工具。

(2) 在火灾试验发生的前15 min内，端部约束处的约束弯矩急剧增加，整体结构中连接到梁和板上的柱子也会出现这种现象，这种变化对于柱子来说危害比梁更严重。因此，在未来的研究中应考虑框架结构中约束对柱子的影响。

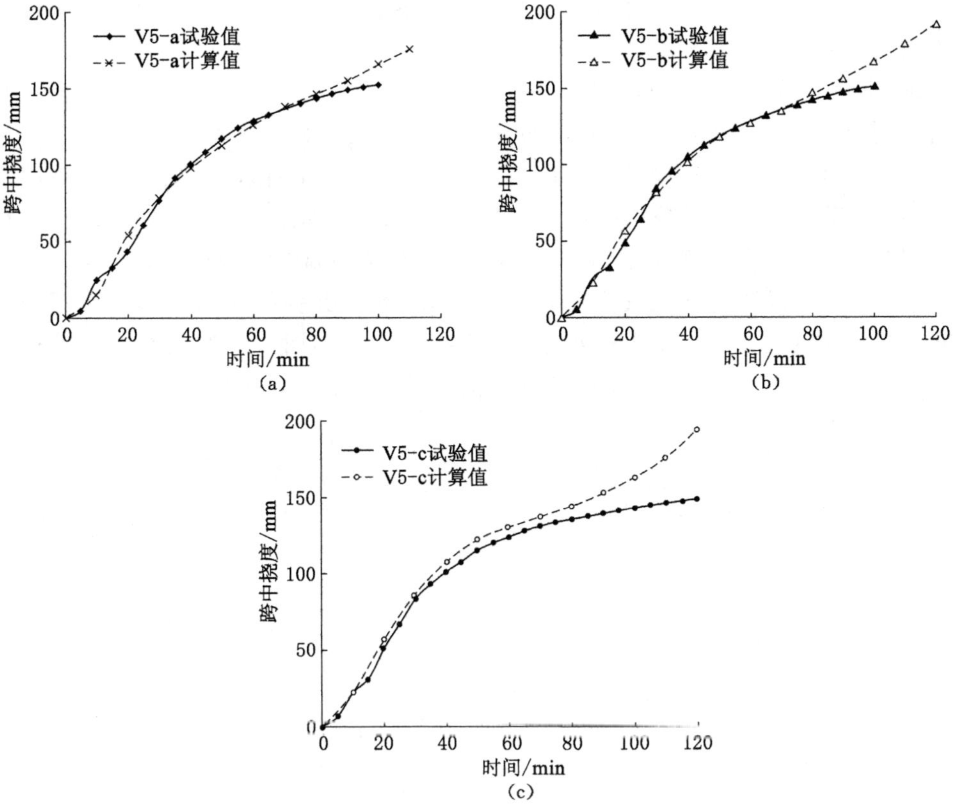

图 4-15　连续单向板 V5-a、V5-b 和 V5-c 跨中挠度的试验值和计算值

(a) V5-a 跨中挠度的试验值和计算值；(b) V5-b 跨中挠度的试验值和计算值；(c) V5-c 跨中挠度的试验值和计算值

4.6　本章小结

本章介绍了基于 MATLAB 编程而开发的用以分析钢筋混凝土梁火灾响应的数值计算方法。本方法基于温度场计算的结果，结合钢筋混凝土材料的高温本构模型，利用多步迭代计算方法求解截面平衡方程，推导出不同受火时间步的截面的极限承载力；同时，提出了等效弯曲刚度的概念，并且将其代入结构计算方程中，求解构件的高温变形。通过既有简支单向板和连续单向板试验的验证，计算结果与试验结果吻合较好，证明了本书提出的数值计算方法的适用性与准确性。主要得出以下结论：

（1）本书提出的数值计算模型能够计算各种火灾曲线下钢筋混凝土构件的火灾动力响应，并且能够在计算中合理地考虑钢筋和混凝土材料与温度相关的物理、力学性能。通过试验验证，证明该方法准确有效，并且可以用来模拟和分析不同材料模型、不同端部约束等变量对钢筋混凝土构件火灾行为的影响。

（2）对于给定的轴向约束，可以在截面分析过程中计算出截面的弯矩-曲率（M-k）关系曲线。通过分析截面的弯矩-曲率（M-k）曲线，可以计算出高温下钢筋混凝土受弯构件的极限承载力及其承载力在不同温度下的折减系数。

（3）钢筋混凝土在火灾升温过程中，其端部约束引起的轴向力和端部约束弯矩急剧增大，对结构的耐火性能具有重要的影响。而作为约束端的柱子也会受到反力作用，从而降低柱子的抗火性能。因此，在未来的研究中应考虑约束对柱子的影响。

5　火灾高温下框架梁端部约束的简化计算方法

5.1　引言

在实际结构中，钢筋混凝土梁的变形和受力受到周围梁和柱的轴向和转动约束，而随着火灾发生的位置不同和火灾的发展蔓延情况的不同，整体结构中受火构件不同，从而直接影响钢筋混凝土梁的端部约束的变化，即火灾高温下，钢筋混凝土梁的端部约束为非定常约束。因此，研究钢筋混凝土梁的火灾动力响应，应首先研究钢筋混凝土梁在整体结构中所受端部约束的非定常性和计算方法。

本章以钢筋混凝土梁常见的存在形式——钢筋混凝土框架梁作为研究对象，分析和简化多层框架结构，计算框架结构中钢筋混凝土梁的梁端约束，推导火灾高温下钢筋混凝土框架梁端部约束刚度的计算方法。假设钢筋混凝土多层框架结构为 n 层 m 跨，如图 5-1 所示，火灾发生在框架的一个或者多个房间中。

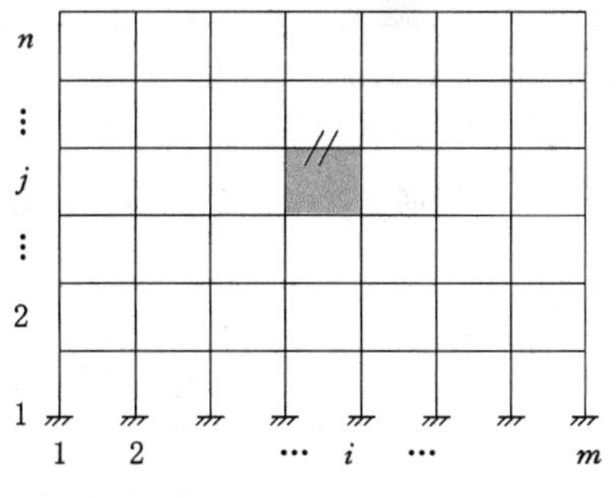

图 5-1　火灾下多层框架结构

火灾高温下钢筋混凝土梁端部约束的计算，基于以下基本假设进行简化[144]：

(1) 轴向约束刚度：主要受所处层和上一层的所有柱的抗侧移能力的影响。框架柱主要由相连的梁和柱进行约束，远端梁柱的约束被假定为铰接约束。在同一层柱的侧向变形假设是相同的。假定顶层柱上端为转动约束并且其他层的柱没有转动变形。

(2) 转动约束刚度：主要受与构件直接相连接的框架柱和梁的抗弯刚度的影响。除了底层柱的远端为固端约束，远端梁柱的约束被假定为铰接约束。

(3) 假定火灾高温下，根据火灾蔓延的情况，发生火灾房间的梁柱构件由于受到火灾高温的影响而随之变化，其中梁为三面受火，柱为四面受火；未发生火灾房间的构件，其抗弯刚度和轴向刚度均按照常温材料性能计算，并保持不变。

5.2 火灾高温下钢筋混凝土框架梁端部约束刚度的简化计算

5.2.1 受火灾的构件等效刚度的简化计算

钢筋混凝土受弯构件的等效刚度计算，采用第 4 章提出的非线性简化计算方法。将构件沿长度方向进行单元划分(见图 5-2)，每一段的等效刚度由其跨中截面的性质代表，之后根据整体的受力特征和最不利原则，求解该构件的平均等效刚度。

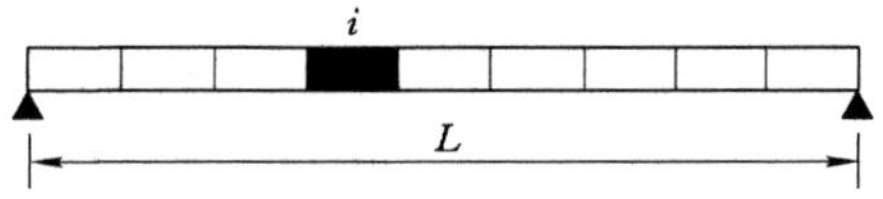

图 5-2 钢筋混凝土构件的单元划分

构件截面的等效刚度的计算，主要分为三步：

(1) 截面温度场计算。根据火灾升温曲线和材料的高温热传导性能，利用 ANSYS 有限元软件，对构件截面进行建模计算，导出各个时间步内构件内部的温度场分布。基于钢筋混凝土梁柱构件沿构件长度方向受火情况一致的假定，构件内部的温度场沿长度方向分布一致，因此可以简化为一个二维的截面问题。

(2) 截面分析。将计算得到的各个时间步内的截面温度场和钢筋的温度代入截面计算中，代入与截面温度对应的钢筋和混凝土材料高温下的材料性能。

在各个时间步内，根据平截面假定，建立构件截面的弯矩和内力平衡方程，求解该方程组，从而推导出各个时间步内构件截面的弯矩-曲率（M-k）关系，同时求解该段构件的极限承载力。

（3）等效抗弯刚度的简化。根据弯矩-曲率（M-k）关系以及构件的受力特征，求解各段构件在各个时间步内的等效抗弯刚度，按式（4-25）计算求解。

5.2.2　火灾下框架梁梁端轴向约束刚度的简化计算

根据假设（1），框架梁梁端轴向约束刚度主要取决于相关柱相对侧的弯曲刚度和转动约束刚度。这些柱由连接的梁和柱约束，并且这些约束梁和柱的相对端连接被假定为铰接，同一层中的列的横向变形假定是相同的。对于为梁提供轴向约束的立柱，有两个条件，即从上侧和从下侧进行约束。基于对侧的层和支座条件，抗侧刚度可以分为 5 种情况，如图 5-3 所示。

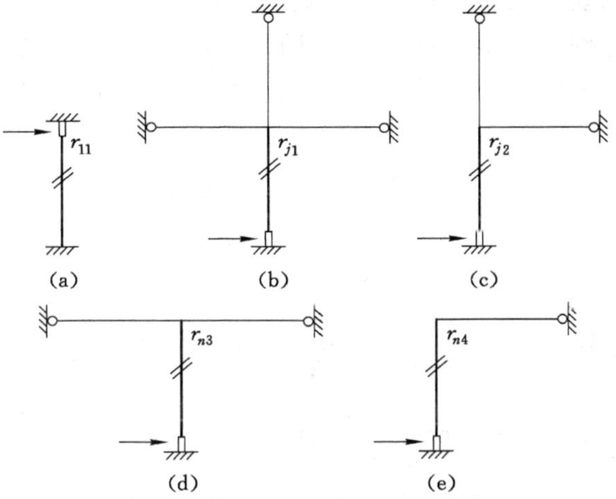

图 5-3　框架中柱的抗侧移刚度（王开强等，2011）[144]

（a）情况一；（b）情况二；（c）情况三；（d）情况四；（e）情况五

基于本层和较远端的连接，框架柱抗侧移约束刚度可分为以下几种情况：

（1）底层柱远端的连接假定为固定连接。这意味着它们的侧向约束刚度 $r_{11}^{\mathrm{T}}=\infty$。

（2）对于位于 $j(j=2,3,\cdots,n-1)$ 层中的柱，底端的侧向刚度是由顶端的转动约束决定的。这些柱由本层的两个梁（一个梁）和上一层柱约束。r_{j1}^{T}、r_{j2}^{T} 分别表示中柱与边柱底端抗侧移时顶端约束刚度与柱线刚度的比值。

$$\begin{cases} r_{j1}^{\mathrm{T}}=\dfrac{3B_{\mathrm{b}j}^{\mathrm{T}}/L_{\mathrm{b}j}+3B_{\mathrm{b}j}/L_{\mathrm{b}j}+3B_{\mathrm{c}(j+1)}/L_{\mathrm{c}(j+1)}}{B_{\mathrm{c}j}^{\mathrm{T}}/L_{\mathrm{c}j}} \\ r_{j2}^{\mathrm{T}}=\dfrac{3B_{\mathrm{b}j}^{\mathrm{T}}/L_{\mathrm{b}j}+3B_{\mathrm{c}(j+1)}/L_{\mathrm{c}(j+1)}}{B_{\mathrm{c}j}^{\mathrm{T}}/L_{\mathrm{c}j}} \end{cases} \tag{5-1}$$

(3) 对于位于 $j(j=2,3,\cdots,n-1)$层的柱，顶端的侧向刚度是由底端的转动约束决定的。这些柱由下一层的两个梁（一个梁）和一个柱约束。r_{j3}^{T}，r_{j4}^{T}分别表示中柱与边柱顶端抗侧移时底端约束刚度与柱线刚度的比值。

$$\begin{cases} r_{j3}^{\mathrm{T}}=\dfrac{3B_{\mathrm{b}(j-1)}/L_{\mathrm{b}(j-1)}+3B_{\mathrm{b}(j-1)}/L_{\mathrm{b}(j-1)}+3B_{\mathrm{c}(j-1)}/L_{\mathrm{c}(j-1)}}{B_{\mathrm{c}j}^{\mathrm{T}}/L_{\mathrm{c}j}} \\ r_{j4}^{\mathrm{T}}=\dfrac{3B_{\mathrm{b}(j-1)}/L_{\mathrm{b}(j-1)}+3B_{\mathrm{c}(j-1)}/L_{\mathrm{c}(j-1)}}{B_{\mathrm{c}j}^{\mathrm{T}}/L_{\mathrm{c}j}} \end{cases} \tag{5-2}$$

(4) 对于位于 n 层的柱，底端的侧向刚度是由顶端的转动约束决定的，并且只由两个梁（一个梁）进行约束。顶端的侧向刚度是由底端及顶端的转动约束决定的。r_{n1}^{T}、r_{n2}^{T}分别表示顶层中柱与边柱底端抗侧移时顶端约束刚度与柱线刚度的比值。r_{n3}^{T}、r_{n4}^{T}分别表示顶层中柱与边柱顶端抗侧移时底端约束刚度与柱线刚度的比值。$r_{n3}^{\mathrm{T}'}$、$r_{n4}^{\mathrm{T}'}$分别表示顶层中柱与边柱顶端抗侧移时顶端约束刚度与柱线刚度的比值。

$$\begin{cases} r_{n1}^{\mathrm{T}}=\dfrac{3B_{\mathrm{b}n}^{\mathrm{T}}/L_{n}+3B_{\mathrm{b}n}/L_{n}}{B_{\mathrm{c}n}^{\mathrm{T}}L_{\mathrm{c}n}}=r_{n3}^{\mathrm{T}'} \\ r_{n2}^{\mathrm{T}}=\dfrac{3B_{\mathrm{b}n}^{\mathrm{T}}/L_{n}}{B_{\mathrm{c}n}^{\mathrm{T}}L_{\mathrm{c}n}}=r_{n4}^{\mathrm{T}'} \end{cases} \tag{5-3}$$

$$\begin{cases} r_{n3}^{\mathrm{T}}=\dfrac{3B_{\mathrm{b}(n-1)}/L_{\mathrm{b}(n-1)}+3B_{\mathrm{b}(n-1)}/L_{\mathrm{b}(n-1)}+3B_{\mathrm{c}(n-1)}/L_{\mathrm{c}(n-1)}}{B_{\mathrm{c}n}^{\mathrm{T}}/L_{\mathrm{c}n}} \\ r_{n4}^{\mathrm{T}}=\dfrac{3B_{\mathrm{b}(n-1)}/L_{\mathrm{b}(n-1)}+3B_{\mathrm{c}(n-1)}/L_{\mathrm{c}(n-1)}}{B_{\mathrm{c}n}^{\mathrm{T}}/L_{\mathrm{c}n}} \end{cases} \tag{5-4}$$

基于梁所属的楼层和跨度，梁的轴向约束刚度实际上是由一组框架柱的抗侧移约束刚度所决定的。对于向梁提供轴向约束的框架柱，有两种提供约束的形式，即顶端约束和底端约束，其约束刚度可以简化为：

$$\begin{cases} k_{\mathrm{r}}^{\mathrm{T}}=\dfrac{12(r_{1}^{\mathrm{T}}+1)B_{\mathrm{c}}^{\mathrm{T}}}{(r_{1}^{\mathrm{T}}+4)l^{3}} \\ k_{\mathrm{r}}^{\mathrm{T}}=\dfrac{3r_{1}^{\mathrm{T}}r_{2}^{\mathrm{T}}(r_{1}^{\mathrm{T}}+4)+12(r_{1}^{\mathrm{T}}+3)(r_{1}^{\mathrm{T}}+1)B_{\mathrm{c}}^{\mathrm{T}}}{36r_{1}^{\mathrm{T}}(r_{1}^{\mathrm{T}}+1)(r_{1}^{\mathrm{T}}+1)l^{3}} \end{cases} \tag{5-5}$$

式中 $k_{\mathrm{r}}^{\mathrm{T}}$——受火柱的抗侧刚度；

r_{1}^{T}——受火柱远端转动约束刚度与该柱线刚度的比值；

r_{2}^{T}——受火顶层柱上部抗侧移时该部位的转动约束刚度与该柱线刚度的比值。

对于受火的柱构件 $k_r^T=N^T\dfrac{B^T}{l^3}$。根据柱的约束条件，可得受火柱的因数 N_{11}^T、N_{j1}^T、N_{j2}^T、N_{j3}^T、N_{j4}^T、N_{n1}^T、N_{n2}^T、N_{n3}^T、N_{n4}^T。各层梁左半部分和右半部分的抗侧刚度以及梁最终的轴向约束刚度分别为：

层 1：

① 边跨。

$$\begin{cases} k_{1L}^T=\left(N_{11}^T\dfrac{B_1^T}{l_1^3}+N_{22}\dfrac{B_2}{l_2^3}\right) \\ k_{1R}^T=(m_R-2)\left(N_{11}\dfrac{B_1}{l_1^3}+N_{21}\dfrac{B_2}{l_2^3}\right)+\left(N_{11}\dfrac{B_1}{l_1^3}+N_{22}\dfrac{B_2}{l_2^3}\right)+\left(N_{11}^T\dfrac{B_1^T}{l_1^3}+N_{21}\dfrac{B_2}{l_2^3}\right) \\ k_1^T=1/\left(\dfrac{1}{k_{1L}^T}+\dfrac{1}{k_{1R}^T}\right) \end{cases} \tag{5-6}$$

② 中间跨。

$$\begin{cases} k_{1L}^T=(m_L-2)\left(N_{11}\dfrac{B_1}{l_1^3}+N_{21}\dfrac{B_2}{l_2^3}\right)+\left(N_{11}\dfrac{B_1}{l_1^3}+N_{22}\dfrac{B_2}{l_2^3}\right)+\left(N_{11}^T\dfrac{B_1^T}{l_1^3}+N_{21}\dfrac{B_2}{l_2^3}\right) \\ k_{1R}^T=(m_R-2)\left(N_{11}\dfrac{B_1}{l_1^3}+N_{21}\dfrac{B_2}{l_2^3}\right)+\left(N_{11}\dfrac{B_1}{l_1^3}+N_{22}\dfrac{B_2}{l_2^3}\right)+\left(N_{11}^T\dfrac{B_1^T}{l_1^3}+N_{21}\dfrac{B_2}{l_2^3}\right) \\ k_1^T=1/\left(\dfrac{1}{k_{1L}^T}+\dfrac{1}{k_{1R}^T}\right) \end{cases} \tag{5-7}$$

层 2～层$(n-2)$：

① 边跨。

$$\begin{cases} k_{jL}^T=\left(N_{j4}^T\dfrac{B_j^T}{l_j^3}+N_{(j+1)2}\dfrac{B_{(j+1)}}{l_{(j+1)}^3}\right) \\ k_{jR}^T=(m_R-2)\left(N_{j1}\dfrac{B_j}{l_j^3}+N_{(j+1)1}\dfrac{B_{(j+1)}}{l_{(j+1)}^3}\right)+\left(N_{j1}\dfrac{B_j}{l_j^3}+N_{(j+1)2}\dfrac{B_{(j+1)}}{l_{(j+1)}^3}\right)+ \\ \qquad\left(N_{j3}^T\dfrac{B_j^T}{l_j^3}+N_{(j+1)1}\dfrac{B_{(j+1)}}{l_{(j+1)}^3}\right) \\ k_j^T=1/\left(\dfrac{1}{k_{jL}^T}+\dfrac{1}{k_{jR}^T}\right) \end{cases} \tag{5-8}$$

② 中间跨。

$$\begin{cases} k_{jL}^{T}=(m_{L}-2)\left(N_{j1}\frac{B_j}{l_j^3}+N_{(j+1)1}\frac{B_{(j+1)}}{l_{(j+1)}^3}\right)+\left(N_{j2}\frac{B_j}{l_j^3}+N_{(j+1)2}\frac{B_{(j+1)}}{l_{(j+1)}^3}\right)+ \\ \qquad \left(N_{j3}^{T}\frac{B_j^T}{l_j^3}+N_{(j+1)1}\frac{B_{(j+1)}}{l_{(j+1)}^3}\right) \\ k_{jR}^{T}=(m_{R}-2)\left(N_{j1}\frac{B_j}{l_j^3}+N_{(j+1)1}\frac{B_{(j+1)}}{l_{(j+1)}^3}\right)+\left(N_{j2}\frac{B_j}{l_j^3}+N_{(j+1)2}\frac{B_{(j+1)}}{l_{(j+1)}^3}\right)+ \\ \qquad \left(N_{j3}^{T}\frac{B_j^T}{l_j^3}+N_{(j+1)1}\frac{B_{(j+1)}}{l_{(j+1)}^3}\right) \\ k_j^T=1/\left(\frac{1}{k_{jL}^T}+\frac{1}{k_{jR}^T}\right) \end{cases} \tag{5-9}$$

层 $n-1$：

① 边跨。

$$\begin{cases} k_{(n-1)L}^{T}=\left(N_{(n-1)4}^{T}\frac{B_{(n-1)}^T}{l_{(n-1)}^3}+N_{n2}\frac{B_n}{l_n^3}\right) \\ k_{(n-1)R}^{T}=(m_{R}-2)\left(N_{(n-1)1}\frac{B_{(n-1)}}{l_{(n-1)}^3}+N_{n1}\frac{B_n}{l_n^3}\right)+\left(N_{(n-1)2}\frac{B_{(n-1)}}{l_{(n-1)}^3}+N_{n2}\frac{B_n}{l_n^3}\right)+ \\ \qquad \left(N_{(n-1)3}^{T}\frac{B_{(n-1)}^T}{l_{(n-1)}^3}+N_{n1}\frac{B_n}{l_n^3}\right) \\ k_{(n-1)}^T=1/\left(\frac{1}{k_{(n-1)L}^T}+\frac{1}{k_{(n-1)R}^T}\right) \end{cases} \tag{5-10}$$

② 中间跨。

$$\begin{cases} k_{(n-1)L}^{T}=(m_{L}-2)\left(N_{(n-1)1}\frac{B_{(n-1)}}{l_{(n-1)}^3}+N_{n1}\frac{B_n}{l_n^3}\right)+\left(N_{(n-1)2}\frac{B_{(n-1)}}{l_{(n-1)}^3}+N_{n2}\frac{B_n}{l_n^3}\right)+ \\ \qquad \left(N_{(n-1)3}^{T}\frac{B_{(n-1)}^T}{l_{(n-1)}^3}+N_{n1}\frac{B_n}{l_n^3}\right) \\ k_{(n-1)R}^{T}=(m_{R}-2)\left(N_{(n-1)1}\frac{B_{(n-1)}}{l_{(n-1)}^3}+N_{n1}\frac{B_n}{l_n^3}\right)+\left(N_{(n-1)2}\frac{B_{(n-1)}}{l_{(n-1)}^3}+N_{n2}\frac{B_n}{l_n^3}\right)+ \\ \qquad \left(N_{(n-1)3}^{T}\frac{B_{(n-1)}^T}{l_{(n-1)}^3}+N_{n1}\frac{B_n}{l_n^3}\right) \\ k_{(n-1)}^T=1/\left(\frac{1}{k_{(n-1)L}^T}+\frac{1}{k_{(n-1)R}^T}\right) \end{cases} \tag{5-11}$$

层 n：

① 边跨。

$$
\begin{cases}
k_{n\mathrm{L}}^{\mathrm{T}} = N_{n4}^{\mathrm{T}} \dfrac{B_n^{\mathrm{T}}}{l_n^3} \\
k_{n\mathrm{R}}^{\mathrm{T}} = (m_{\mathrm{R}} - 2) N_{n3} \dfrac{B_n}{l_n^3} + N_{n4} \dfrac{B_n}{l_n^3} + N_{n4}^{\mathrm{T}} \dfrac{B_n^{\mathrm{T}}}{l_n^3} \\
k_n^{\mathrm{T}} = 1 \Big/ \left(\dfrac{1}{k_{n\mathrm{L}}^{\mathrm{T}}} + \dfrac{1}{k_{n\mathrm{R}}^{\mathrm{T}}} \right)
\end{cases}
\tag{5-12}
$$

② 中间跨。

$$
\begin{cases}
k_{n\mathrm{L}}^{\mathrm{T}} = (m_{\mathrm{L}} - 2) N_{n3} \dfrac{B_n}{l_n^3} + N_{n4} \dfrac{B_n}{l_n^3} + N_{n3}^{\mathrm{T}} \dfrac{B_n^{\mathrm{T}}}{l_n^3} \\
k_{n\mathrm{R}}^{\mathrm{T}} = (m_{\mathrm{R}} - 2) N_{n3} \dfrac{B_n}{l_n^3} + N_{n4} \dfrac{B_2}{l_n^3} + N_{n3}^{\mathrm{T}} \dfrac{B_n^{\mathrm{T}}}{l_n^3} \\
k_n^{\mathrm{T}} = 1 \Big/ \left(\dfrac{1}{k_{n\mathrm{L}}^{\mathrm{T}}} + \dfrac{1}{k_{n\mathrm{R}}^{\mathrm{T}}} \right)
\end{cases}
\tag{5-13}
$$

5.2.3 框架梁梁端转动约束刚度的简化计算

梁端部总转动约束刚度可视为一组连续梁的转动约束刚度，其相同层中受约束的柱假定受火。底层的梁中跨、边跨的转动约束刚度分别为 K_{11}^{T}、K_{12}^{T}；第 j 层的梁中跨、边跨的转动约束刚度分别为 K_{j1}^{T}、K_{j2}^{T}；第 n 层的梁中跨、边跨的转动约束刚度分别为 K_{n1}^{T}、K_{n2}^{T}。各转动约束刚度计算公式如下：

$$
\begin{cases}
K_{11}^{\mathrm{T}} = 4B_{\mathrm{c1}}^{\mathrm{T}} / l_{\mathrm{c}} + 3B_{\mathrm{c2}} / l_{\mathrm{c2}} + 3B_{\mathrm{b1}} / l_{\mathrm{b1}} \\
K_{12}^{\mathrm{T}} = 4B_{\mathrm{c1}}^{\mathrm{T}} / l_{\mathrm{c1}} + 3B_{\mathrm{c2}} / l_{\mathrm{c2}} \\
K_{j1}^{\mathrm{T}} = 3B_{\mathrm{c}j}^{\mathrm{T}} / l_{\mathrm{c}j} + 3B_{\mathrm{c}(j+1)} / l_{\mathrm{c}(j+1)} + 3B_{\mathrm{b}j} / l_{\mathrm{b}j} \\
K_{j2}^{\mathrm{T}} = 3B_{\mathrm{c}j}^{\mathrm{T}} / l_{\mathrm{c}j} + 3B_{\mathrm{c}(j+1)} / l_{\mathrm{c}(j+1)} \\
K_{n1}^{\mathrm{T}} = 3B_{\mathrm{c}n}^{\mathrm{T}} / l_{\mathrm{c}n} + 3B_{\mathrm{b}n} / l_{\mathrm{b}n} \\
K_{n2}^{\mathrm{T}} = 3B_{\mathrm{c}n}^{\mathrm{T}} / l_{\mathrm{c}n}
\end{cases}
\tag{5-14}
$$

5.3 某框架结构算例

5.3.1 框架结构算例模型

本节通过文献[139]中提供的一个 4 层 6 跨的框架算例，验证框架梁端部约束的分析结论，框架算例结构示意图如图 5-4 所示。

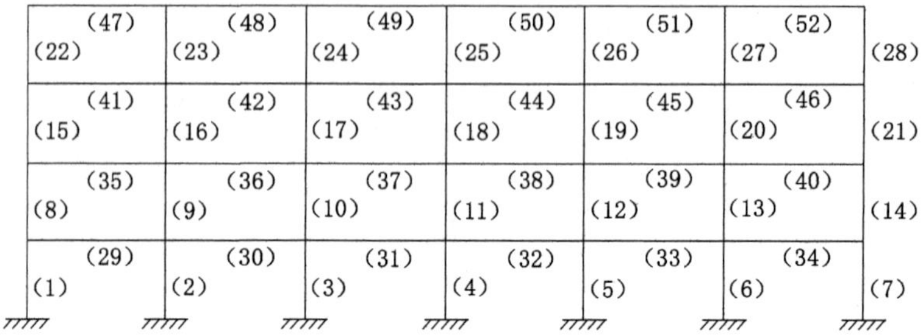

图 5-4　4 层 6 跨框架算例结构示意图

该框架柱距为 5 m，层高为 3.5 m。框架梁的截面尺寸为 0.2 m×0.35 m，配筋为上部 2Φ18，下部 2Φ18；框架柱截面尺寸为 0.4 m×0.4 m，配筋为对称配筋，两侧各 2Φ18，钢筋弹性模量 $E_s=2.00\times10^5$ N/mm²。梁柱均采用 C30 混凝土，弹性模量 $E_b=E_c=3.00\times10^4$ N/mm²。

5.3.2　常温下框架梁梁端约束刚度的计算

依据文献[144]模型计算，常温下的梁端轴向约束刚度计算结果如表 5-1 所列，常温下的梁端转动约束刚度计算结果如表 5-2 所列。

表 5-1　　梁轴轴向约束刚度计算结果

编号	轴向约束刚度/(10^6 N/m)
29	41.84
30	68.92
31	82.99
35	32.04
36	55.36
37	67.02
41	27.25
42	48.63
43	59.33

表 5-2　　梁端转动约束刚度计算结果

编号	杆端	梁端转动约束刚度 /(10^6 kN·m/rad)	编号	杆端	梁端转动约束刚度 /(10^6 kN·m/rad)
29	左端	206.26	36	左端	217.31
	右端	246.77		右端	217.31
30	左端	246.77	47	左端	88.40
	右端	246.77		右端	128.91
35	左端	176.79	48	左端	128.91
	右端	217.31		右端	128.91

5.3.3 火灾高温下受火构件刚度的计算

算例假定火灾每次只发生在其中一个房间，火灾升温曲线为 ISO-834 标准火灾升温曲线。利用 ANSYS 有限元软件对钢筋混凝土梁、钢筋混凝土柱截面的温度场进行了数值计算。受火 120 min 后钢筋混凝土梁的截面温度场分布如图 5-5 所示，钢筋混凝土柱的截面温度场如图 5-6 所示。

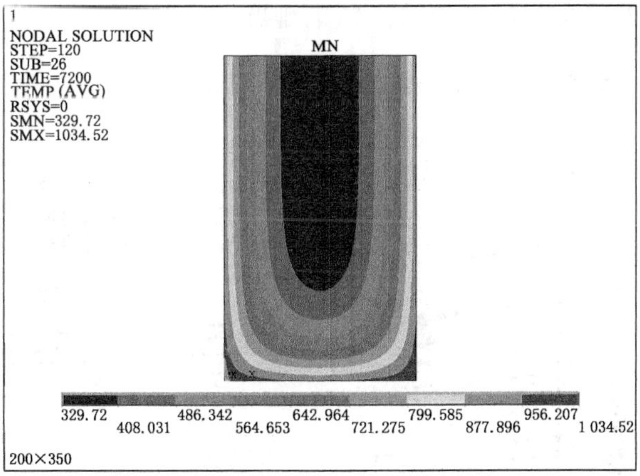

图 5-5　框架梁截面温度场(t=120 min)

基于 ANSYS 有限元截面温度场分析的结果，利用第 4 章介绍的基于 MATLAB 编程的计算程序进行结构的截面分析，得出各升温阶段梁柱截面的等效刚度。将常温下各构件的刚度和高温下梁柱构件的等效刚度随升温

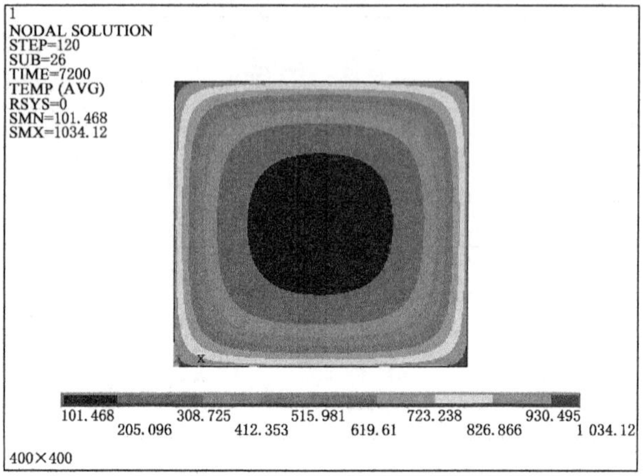

图 5-6 框架柱截面温度场（t=120 min）

时间的变化关系，导入章节 5.2 中推导的梁端约束刚度的计算公式，便可得到火灾高温下框架梁梁端轴向约束刚度和转动约束刚度随升温时间变化的关系。

5.3.4 火灾高温下框架梁梁端轴向约束刚度分析

火灾高温下框架梁的梁端轴向约束刚度随升温时间的变化关系如图 5-7 所示。

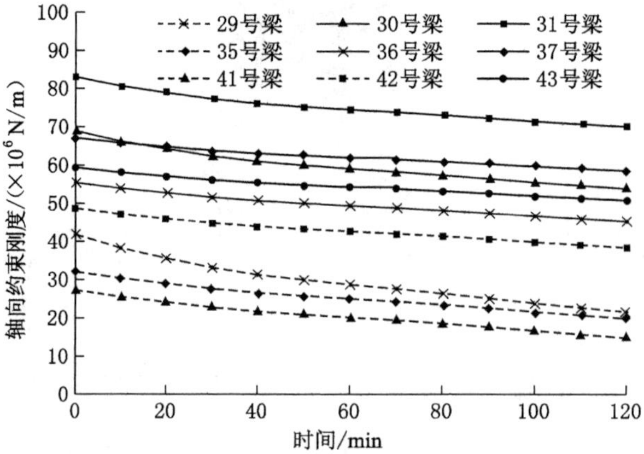

图 5-7 框架梁轴向约束刚度随升温时间变化图

通过对单个房间发生火灾的框架中梁端轴向约束的分析可以得出以下结论：

(1) 各位置梁的梁端轴向约束刚度均随受火时间增加呈现出下降的趋势。这是由于该梁轴向约束的时变性只与本层受火房间梁柱相关，而高温下梁柱截面等效刚度随时间增加而降低，致使梁的轴向约束刚度也随时间增加而降低。同时，升温前半段过程中，梁轴向约束刚度下降的趋势明显快于后半段，这是由于在ISO-834标准火灾升温曲线下，前半段升温速率远高于后半段，致使高温下梁柱截面等效刚度前半段随时间降低的速率远高于后半段。

(2) 框架结构中，底层中间跨梁的轴向约束刚度最大，而中间层边跨轴向约束最小。根据文献[145]中轴向约束对结构响应影响的分析结果可知，底层中间跨房间发生火灾时，结构承载能力下降得最快，最容易产生结构破坏的危险。

(3) 边跨梁的轴向约束刚度，在火灾高温下下降速率最快，则构件在火灾高温下的结构响应受到火灾的影响最大。

5.3.5　火灾高温下框架梁梁端转动约束刚度分析

火灾高温下框架梁的转动约束刚度随升温时间变化的关系如图5-8所示。

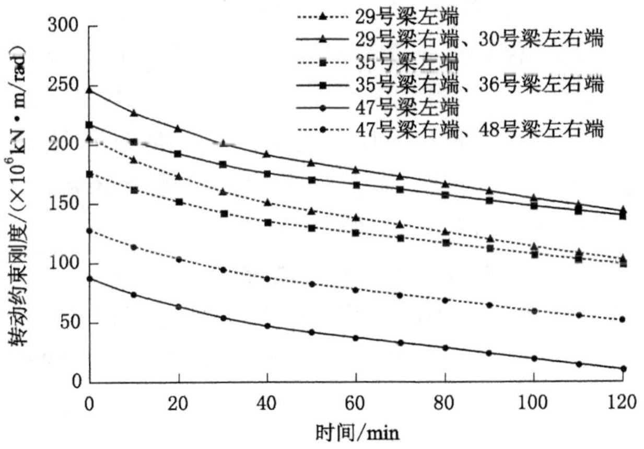

图5-8　框架梁转动约束刚度随升温时间变化图

通过对单个房间发生火灾的框架中梁端转动约束的分析可以得出以下结论：

(1) 各位置梁端的转动约束刚度均随受火时间增加呈现出下降的趋势，这与其轴向约束刚度变化趋势一致。同时，升温前半段过程中，梁转动约束刚度下降的趋势明显快于后半段，这同样是由于在ISO-834标准火灾升温曲线下，柱前半段升温速率远高于后半段，致使高温下梁柱截面等效刚度前半段随时间降低的速率远快于后半段。

（2）框架结构中，底层边跨梁内侧端的转动约束刚度最大，而顶层边跨转动约束刚度最小。根据文献[145]中转动约束对结构响应影响的分析结果可知，底层边跨受火时结构的耐火性能更好。然而由于底层边跨梁的转动约束直接由底部固支的框架柱约束，其在火灾高温下的下降速率最快，其高温下极限承载力和耐火时间下降最快，随受火时间的增加，其耐火性能的优势逐渐消失。

5.4 本章小结

本章结合所提出的钢筋混凝土结构火灾行为的非线性计算方法，对钢筋混凝土梁柱等构件进行了温度场分析和截面分析，计算了给定的火灾场景下构件的等效刚度随温度的变化，从而推导出钢筋混凝土框架梁端部轴向约束刚度和转动约束刚度随火灾发展的简化计算公式。

（1）基于等效刚度简化计算刚度公式，推导出高温下混凝土梁端轴向约束刚度、转动约束刚度的简化计算方法，能够有效反映结构端部约束的时变性。通过算例分析，与既有有限元计算方法计算结果吻合较好。

（2）在火灾在多层框架的一个房间发生的假定场景下，各位置梁端的转动约束刚度均呈现出下降的趋势，且前半段的下降速率明显高于后半段；各位置梁端的转动约束刚度同样均呈现出下降的趋势，且前半段的下降速率明显高于后半段。底层边跨房间发生火灾时，梁的轴向约束刚度及梁端转动约束刚度下降最快，故该房间受火灾的影响，较其他房间更大。

（3）在火灾在多层框架的一个房间发生的假定场景下，框架结构发生火灾时，最危险的火灾工况为底层中间跨房间发生火灾的工况。因此根据性能化抗火设计的要求，可以有针对性地加强底层中间跨和顶层边跨的抗火措施。

6　端部约束对钢筋混凝土梁耐火性能的影响

6.1　引言

实际结构中的钢筋混凝土梁，受到来自相邻构件的轴向和转动约束。火灾高温条件下，其端部约束度由于受到高温的影响而具有非定常性。这种随着火灾温度变化的端部约束在火灾高温下，会引发端部约束弯矩，附加轴力以及轴力引起的二次弯矩，从而直接影响钢筋混凝土梁的火灾动力响应和耐火极限。

6.1.1　轴向约束对钢筋混凝土梁耐火性能的影响

钢筋混凝土梁受到火灾高温的作用时，其热膨胀变形受到端部轴向约束的限制，从而在梁中产生轴向压力，且在弯曲变形的联合作用下，产生与弯曲变形方向一致的二次弯矩。Buchanan[140]总结出刚性支撑情况下轴向约束对简支梁的影响，如图 6-1 所示。

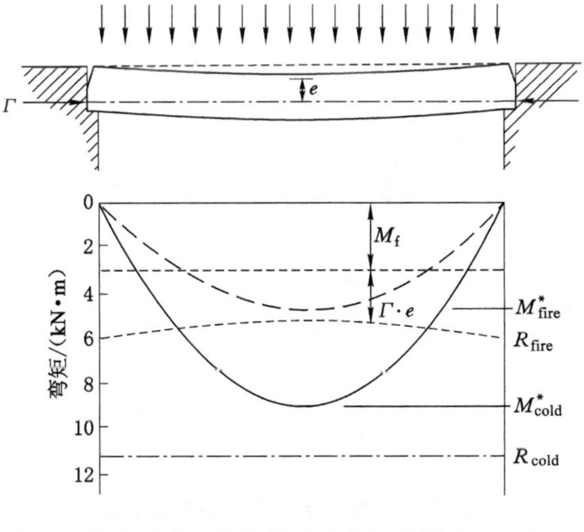

图 6-1　高温下轴向约束对构件轴力和弯矩的影响(Buchanan,2001)[140]

由于钢筋混凝土的热膨胀受到端部约束的限制，产生轴向力 Γ，可将其视为外部预应力。可以看出，约束构件高温下的抗弯承载力 R_{fire} 可以按照式(6-1)计算得出：

$$R_{\text{fire}} = M_{\text{f}} + \Gamma e \tag{6-1}$$

式中 M_{f}——钢筋混凝土梁高温下的极限弯矩；

Γ——火灾时产生的轴向力；

e——轴向力的作用线与靠近梁顶部的截面控制中心之间的偏心距。

从式(6-1)可以看出，约束轴力的效应与轴向力的作用中心密切相关。如果梁的顶部发生大变形或轴向力作用在梁顶部，附加力矩可能变为负值，除非 Γ 足够大而引起足够的压应力来抵消弯矩引起的拉应力，否则结构的破坏将会更早发生[146,147]。因此，对于端部轴向约束对于钢筋混凝土受弯构件耐火性能的影响，不能简单给出定性的结论，需要综合约束强度和轴向力的作用中心进行分析。

轴向约束力的位置，会根据梁和柱之间的连接类型和布置而变化，如图 6-2 所示。

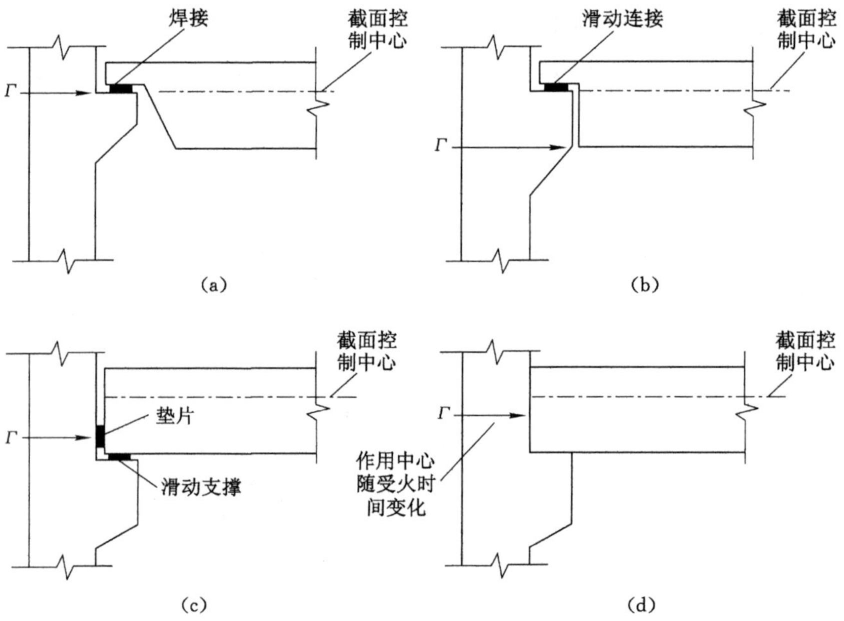

图 6-2　四种支撑条件下轴向力的位置(Gustaferro，1977)[149]

在特定的支撑条件下，即如图 6-2(a)～(c)所示的主要存在于预制混凝土结构中的四种不同支撑条件，其轴向约束力的作用中心能够根据施工条件来精确定位。而对于现浇钢筋混凝土结构，如图 6-2(d)所示，其推力线的位置未明确定义。既有的火灾试验结果表明，当轴向约束很小时，其轴向力的作用中心靠近构件的底部；而对于轴向约束度较强的构件，在受到火灾高温的初期，其轴向力作用中心位于构件的底部，在火灾发展过程中，轴向力中心会沿着构件截面缓慢上升[148,149]。同时，高温下轴向约束力的大小，还会受到蠕变和应力松弛的影响。

6.1.2 转动约束对钢筋混凝土梁耐火性能的影响

对于钢筋混凝土受弯构件而言，所有与其端部相连接的构件都会提供端部的转动约束。Ellingwood 等[150,151]认为，具有端部转动约束的构件比简单构件具有更大的抗弯承载力，其优越性不但是由于它们面对失效的高度冗余度，同时也归因于结构在火灾高温下的内力重分布。

当具有端部约束的钢筋混凝土梁处在火灾高温下时，由于截面的温度梯度引起的构件受火面和背和面的热膨胀不同，从而引发向受火面偏转的热曲率，这种热曲率沿梁的长度方向产生均匀的负弯矩 $M_{thermal}$，如图 6-3 所示。梁的端部负弯矩增大并且跨中正弯矩减小，这对于受弯构件的耐火性能是有利的。

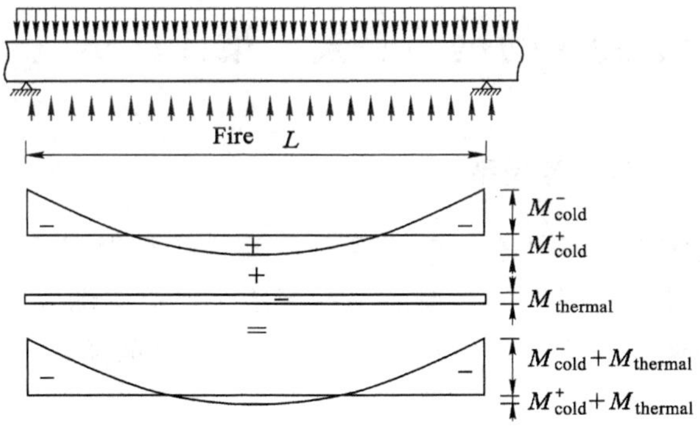

图 6-3 高温下连续梁所受弯矩的分量(Gustaferro,1977)[149]

Gustaferro[149]指出，热曲率引起的负弯矩足以导致负筋的产生。通过增加负弯矩钢筋的数量，就会产生更大的负弯矩，虽然减少了跨中的弯矩，但是却带来了端部支座处压区破坏的风险，因此负弯矩钢筋的数量不宜过多。

Ehm 等[152]对连续梁的性能进行的试验测试表明，在火灾高温下，支座处的连续梁很快进入塑性状态，伴随出现的支座处裂缝引起梁抗弯刚度的降低从而减少了温度力矩。随着温度的升高和跨中抗弯刚度的下降，支座弯矩会再次增加。

Malholtra[153]提到，与没有任何水平约束的情况相比，支撑的连续性对梁的整体性能的影响不大，与简支梁相比，只有边界影响。梁因形成三个塑性铰而失效，但它们或多或少是同时形成的。

6.1.3 研究目的和内容

尽管近年来国内外学者对于火灾高温条件下钢筋混凝土梁、板的动力响应进行了大量的研究，文献综述表明，大多数研究项目的焦点仍然是单个构件的火灾行为，特别是对于火灾试验研究。由于试验条件的限制，既有的大宗结构的火灾试验研究较少，对于整体结构中，构件之间的互相约束和时空效应，仍然需要进一步的研究。

为了更加深入地了解钢筋混凝土梁在考虑多重端部约束条件下的火灾动力响应，准确地分析端部约束对钢筋混凝土构件火灾行为的影响，本书对不同约束条件下的钢筋混凝土梁模型进行了火灾动力响应的非线性计算和影响参数分析。在计算结果分析和对比的基础上，给出了端部约束条件对钢筋混凝土构件火灾性能的影响的定性结论，并且针对分析结果，提出了提高钢筋混凝土梁耐火性能的设计方法和抗火措施。

6.2 具有端部约束的钢筋混凝土梁计算模型

6.2.1 钢筋混凝土梁计算模型

为了研究火灾高温条件下钢筋混凝土梁端部约束对梁火灾响应的影响，本书开展了一系列具有不同端部约束的钢筋混凝土梁火灾动力响应的数值计算和参数分析。钢筋混凝土梁计算模型如图 6-4 所示，梁的跨度为 6 000 mm，截面尺寸为 350 mm×500 mm。

构件截面拉区和压区，分别配 4 根Φ20 的钢筋，见图 6-5。根据截面的对称性和受火条件的特点，将按照温度的不同，将钢筋分为四组，分别命名为 bar1、bar2、bar3 和 bar4。底部钢筋的轴线到底部表面之间的距离被指定为 d_1，顶部钢筋的轴线到顶部表面之间的距离被指定为 d_2，d_1 和 d_2 都是 35 mm。左右两侧拐角处钢筋的轴线与梁的侧面之间的距离为 45 mm。

模型中采用的混凝土是普通强度硅质骨料混凝土，钢筋由冷加工钢制成。

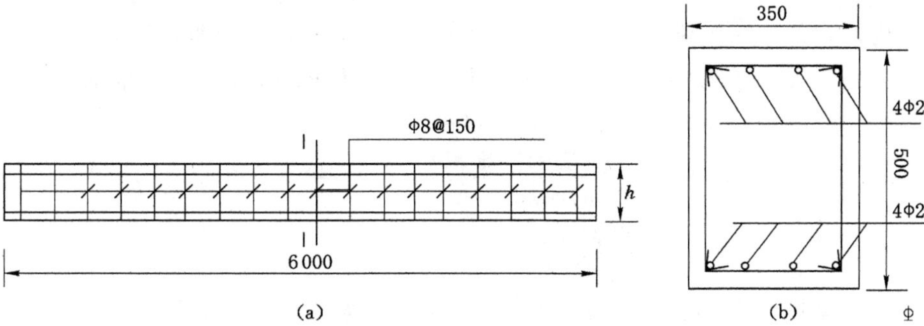

图 6-4 钢筋混凝土梁计算模型的几何尺寸
(a) 梁纵向尺寸;(b) 梁横截面 Ⅰ—Ⅰ

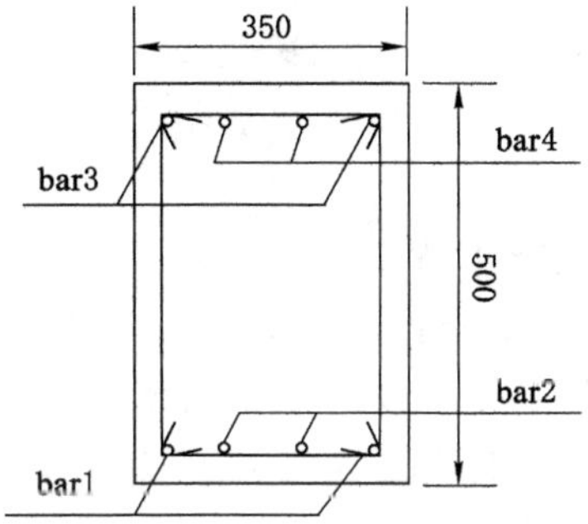

图 6-5 横截面钢筋的布置

表 6-1 列出了加热前混凝土和钢筋的材料特性。

表 6-1 加热前混凝土和钢筋的材料特性

f_c/(N/mm²)	f_t/(N/mm²)	E_c/(N/mm²)	f_y/(N/mm²)	f_u/(N/mm²)	E_s/(N/mm²)
30	2.9	2.0×104	500	650	2.1×105

6.2.2 端部约束的简化模型

钢筋混凝土梁的端部约束包括轴向约束和转动约束,分别用轴向约束弹簧和转动约束弹簧来模拟。具有端部约束的钢筋混凝土梁简化计算模型如图 4-5 所示。

为了便于计算，本书中轴向约束和转动约束的作用中心均为构件截面的形心。构件端部约束的强度用约束度来表示，即端部约束的弯曲刚度和轴向刚度与构件本身弯曲刚度和轴向刚度的比值。轴向约束度 γ_{axi} 与转动约束度 γ_{rot} 分别以百分比的形式表示，按照式(6-2)和式(6-3)计算。

$$\gamma_{axi}=\frac{约束弹簧的刚度}{梁的刚度}=\frac{(EA/L)_{弹簧}}{(EA/L)_{梁}}\times 100\% \tag{6-2}$$

$$\gamma_{rot}=\frac{约束弹簧的刚度}{梁的刚度}=\frac{(EI/L)_{弹簧}}{(EI/L)_{梁}}\times 100\% \tag{6-3}$$

在计算过程中，假定钢筋混凝土梁的端部约束均不受火，只有梁本身受火，即构件的端部约束刚度本身不改变，但是由于钢筋混凝土梁本身的刚度在随着受火时间而降低，从而导致钢筋混凝土梁端部约束度相对升高。

6.2.3 计算荷载与失效准则

温度荷载：计算中假定钢筋混凝土梁受到 ISO-834 标准火灾升温曲线的作用，底面和两个侧面共三面受火。按第 4 章介绍的方法计算结构内部的温度场，在此不再赘述。

外荷载：施加在钢筋混凝土梁上的力，包含两部分——重力荷载和活荷载，均视为均布荷载。为了更好地模拟结构火灾高温下的动力响应，施加的总荷载为常温下钢筋混凝土梁承载能力的 30%。由于计算模型在常温下的跨中极限弯矩为 2.73×10^2 kN · m，可计算出抗弯承载力 30% 条件下，其等效均布荷载 $q=18$ kN/m。为了保证计算模型便于对比，仅为其端部约束条件不同，其荷载条件均相同。

根据章节 4.3.1 中提到的构件的失效准则，确定结构的耐火极限：

(1) 当构件高温下极限弯矩小于施加的外荷载引起的跨中弯矩时，构件破坏；

(2) 跨中临界挠度 $d=l/20=300$ mm；

(3) 跨中临界变形率 $\Delta d=8.6$ mm/min。

6.2.4 计算工况

由于本书重点在于考察端部约束对钢筋混凝土梁火灾行为的影响，因此对于钢筋混凝土梁的计算模型，只考虑端部约束条件的不同，其余参数包括材料、尺寸和荷载均相同。具有端部约束的钢筋混凝土梁火灾行为计算工况如表 6-2 所列。

表 6-2 具有端部约束的钢筋混凝土梁火灾行为计算工况

工况	转动约束度 γ_{rot}	轴向约束度 γ_{axi}	共计/组
具有不同轴向约束但无转动约束	0%	0%、5%、10%、50%、100%和固定	6
具有不同转动约束但无轴向约束	0%、5%、10%、50%、100%和固定	0%	6
具有不同转动约束和轴向约束	5%、10%、50%、100%和固定	5%、10%、50%、100%和固定	25

6.3 具有不同轴向约束但无转动约束的梁的火灾行为

6.3.1 梁端轴向约束度随温度的变化

受火灾高温下材料性能的影响，钢筋混凝土梁自身的轴向刚度随受火时间增加而下降，如图 6-6 所示。

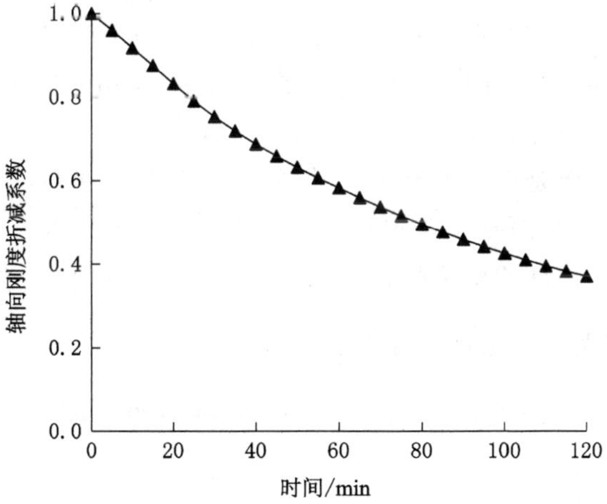

图 6-6 轴向刚度折减系数随受火时间的变化

钢筋混凝土梁的轴向刚度随着火灾暴露时间的增加而减小，标准火灾下 2 h 后下降到初始值的 0.4 以下。由于构件在高温下轴向刚度的降低，而其端部约束刚度假定为不变，从而导致其端部轴向约束度随着受火时间的增加而增加。

6.3.2 不同约束条件下梁的轴向约束力

图 6-7 给出了仅受轴向约束情况下，不同轴向约束度下梁的轴向约束力随受火时间的变化规律。

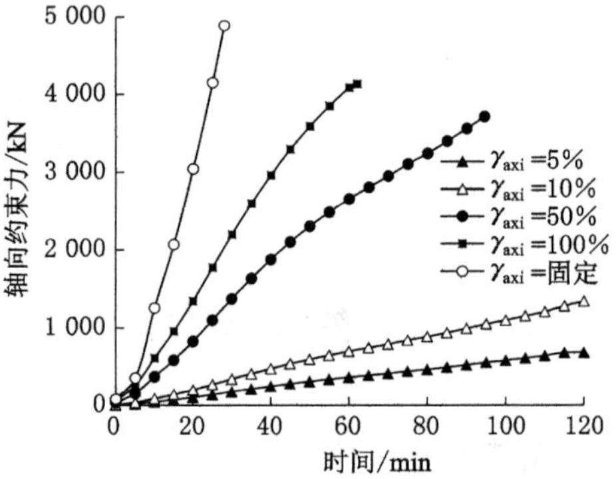

图 6-7 不同轴向约束度下的梁的轴向约束力随受火时间的变化

具有不同轴向约束度的钢筋混凝土梁火灾下的轴向约束力均随受火时间的增加而增大。轴向约束较弱的构件(γ_{axi}=5%、10%)可以完整抵抗 2 h 的火灾，而强轴约束的构件在 2 h 内某个时刻失效。加热 94 min 后构件(γ_{axi}=50%)失效，加热 62 min 后构件(γ_{axi}=100%)失效，加热 0.5 h 后构件(γ_{axi}=固定)失效。这些构件的失效主要是由于假定轴向力作用在构件的轴心，引起了比实际受火构件偏大二阶效应，从而导致跨中达到极限弯矩而破坏。结果说明，强轴向约束对钢筋混凝土受弯构件的耐火性能不利。

6.3.3 不同约束条件下梁的跨中弯矩

图 6-8 给出了仅受轴向约束情况下，不同轴向约束度下梁的跨中弯矩随受火时间的变化规律。

通过对具有不同轴向约束度的钢筋混凝土梁火灾下的跨中弯矩分析可以看出：

(1) 与简支梁相比，受轴向约束的梁将经历轴向力增大，从而导致跨中弯矩增大的过程。这主要是由于火灾高温下构件的跨中挠度增加，轴向约束力增加，从而引起二阶效应所导致的。

(2) 通过对几种不同的轴向约束度下梁的跨中弯矩比较可以看出，对于约

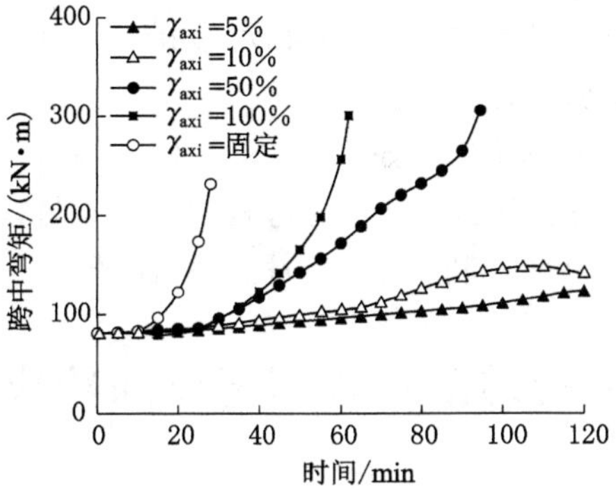

图 6-8 具有各种轴向约束度的梁的跨中弯矩随受火时间的变化

束度较小的构件，其跨中弯矩增加幅度不大，从而使得其跨中弯矩仍然在极限抗弯承载力范围内。而对于强约束构件，其跨中弯矩的迅速增大是其失效的关键指标。因此，提高其耐火时间的有效途径是减少其使用荷载，增加其跨中受拉区钢筋或施加适当的转动约束。

6.3.4 不同约束条件下梁的跨中挠度

图 6-9 给出了仅受轴向约束情况下，不同轴向约束度下梁的跨中挠度随受火时间的变化规律。

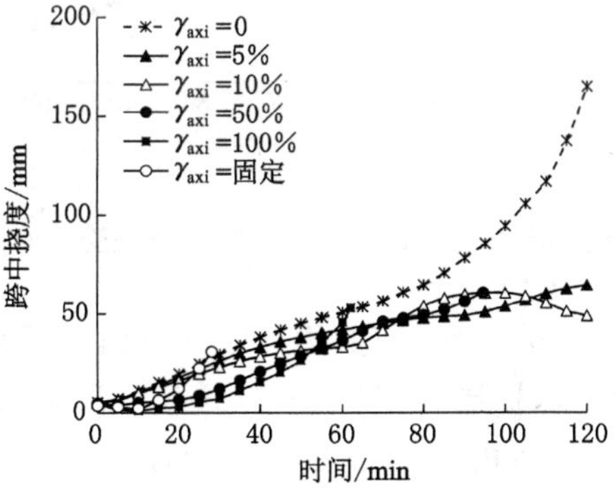

图 6-9 不同轴向约束度下梁的跨中挠度随受火时间的变化

通过对具有不同轴向约束度下钢筋混凝土梁的跨中挠度分析可以看出：

(1) 具有一定轴向约束的所有梁的跨中挠度在受火初期都小于简支梁，即

图中 $\gamma_{axi}=0$ 的曲线。跨中挠度受到端部弹簧约束，其在破坏之前的一段时间内，受到端部约束的作用，跨中挠度发展相对缓慢。而当二次效应占据主导作用时，跨中位移将迅速增加，直至破坏。

(2) 对于轴向约束较弱的梁，如 $\gamma_{axi}=5\%$、10%的梁，与简支梁相比，对跨中挠度的约束作用是明显的，因此，对于受弯构件而言，尤其是当轴向约束度较小的情况下，其轴向约束力是有利于结构的抗火性能的。

6.4 具有不同梁端转动约束但无轴向约束的梁的火灾行为

6.4.1 梁端约束度随温度的变化

由于火灾高温下材料性能的影响，钢筋混凝土梁自身的抗弯刚度随受火时间增加而下降，而其端部约束刚度假定为不变，从而导致其端部约束度随着温度增加而增加，如图 6-10 所示。

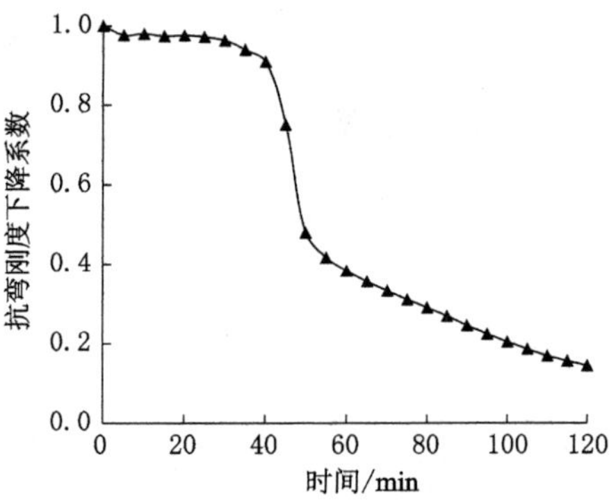

图 6-10 钢筋混凝土梁抗弯刚度下降系数随受火时间的变化

在钢筋混凝土梁受火的初期，即受火 30 min 之内，压区混凝土温度基本不受影响，拉区由于混凝土保护层的作用，钢筋的温度没有超过 200 ℃，整体抗弯刚度受火灾影响很小。之后由于钢筋温度的增加，结构的抗弯刚度急剧下降。暴露在标准火灾升温曲线下 2 h 之后，其抗弯刚度减少到常温下的 14%，从而导致端部约束度比常温下增大 7 倍左右。

6.4.2 不同约束条件下的梁端约束弯矩

对于无轴向约束的钢筋混凝土梁，其端部转动约束主要提供了负弯矩，本书中将其定义为端部约束弯矩，包括常温下荷载作用下的约束弯矩和火灾高温引起的温度力矩。图 6-11 给出了不同转动约束度下梁端约束弯矩随受火时间的变化。

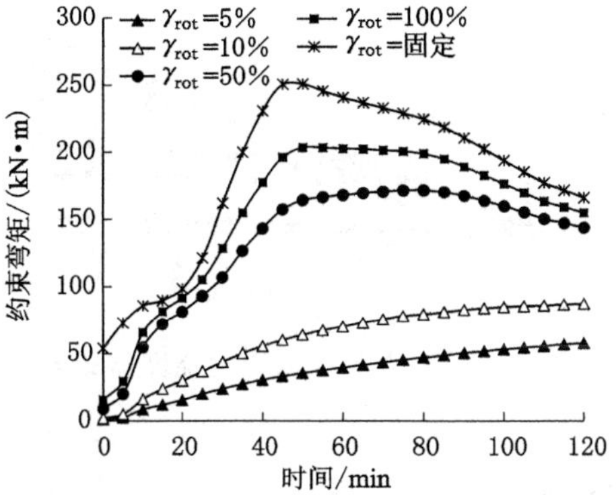

图 6-11　不同转动约束度下梁端约束弯矩随受火时间的变化

从图 6-11 可以看出，在钢筋混凝土梁的梁端转动约束度比较小的条件下，当 $\gamma_{rot}<50\%$时，其端部约束弯矩随着受火时间的增加而增加，主要是由于温度力矩的增加而导致的，此时总的约束弯矩在端部抗弯承载力范围内。然而，当 $\gamma_{rot}\geqslant 50\%$时，对于较强的转动约束，约束弯矩先随加热时间的增加而增加，达到一定限值之后，会随受热时间的增加而降低。这是由于构件弯曲刚度的严重下降、端部温度力矩逐渐减少所导致的。同时，对于端部约束非常强的情况，当端部约束弯矩达到钢筋混凝土梁端部抗负弯承载力之后，也将随着端部抗负弯矩承载力的降低而进入下降阶段。

6.4.3　不同约束条件下梁的跨中挠度

图 6-12 为不同转动约束度下钢筋混凝土梁的跨中挠度随受火时间的变化规律。

所有端部具有转动约束的构件在受火 2 h 后仍然在耐火极限范围内。不同转动约束度下，梁的跨中挠度较简支梁的挠度(图中 $\gamma_{rot}=0$ 的曲线)均有不同程度的减小，约束度越大，其跨中挠度越小。转动约束能够有效地减少钢筋混凝土受弯构件在火灾高温下的变形，证明了转动约束有利于增强钢筋混凝土受弯构件抗火性能的结论。

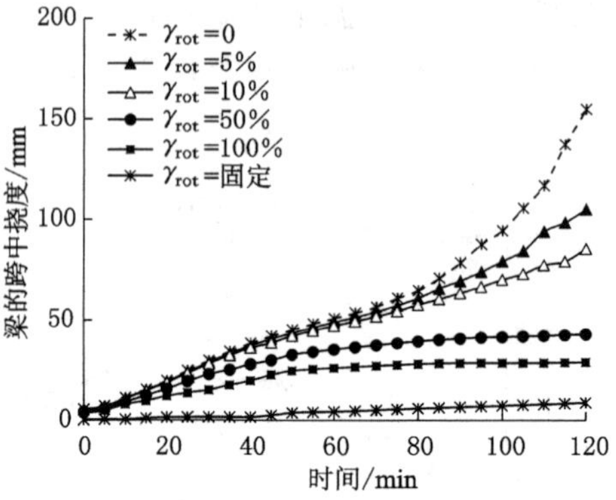

图 6-12　不同转动约束度下梁的跨中挠度随受火时间的变化

6.5　具有不同梁端轴向约束和转动约束的梁的火灾行为

6.5.1　不同约束条件下的轴向约束力

为了比较不同约束条件下的轴向约束力，更好地凸显轴向约束度对构件轴向约束力的影响，将同一种转动约束度下具有不同轴向约束度梁的轴向约束力放到一起，如图 6-13(a)～(e)所示，分别表示转动约束度为 5%、10%、50%、100%、固定下钢筋混凝土梁的轴向约束力随受火时间的变化规律。

从图 6-13 中可以看出：

(1) 对于所有转动约束工况，梁的轴向约束力均随着加热时间和轴向约束度的增加而增加。对于轴向约束强度较弱的梁，其轴向约束力在加热 2 h 内连续上升，此时的轴向约束力在构件的耐火极限范围内。轴向约束强的构件，如 $\gamma_{axi}=100\%$的构件，其轴向约束力持续增加直至失效。

(2) 相同转动约束条件下，轴向约束度越大的构件，其轴向约束力增长越快，而轴向约束较强的构件，其耐火时间急剧降低。这主要是由于具有端部约束构件的支座处受火面的受力状态是压弯状态，增加轴向约束力将使得支座处迅速进入极限受力状态，导致受火面压坏。

(3) 转动约束越强，轴向约束力在火灾升温的后期将被约束，尤其是轴向约束较强的构件。如 $\gamma_{axi}=50\%$的构件，其轴向约束力在转动约束度很小时随受火时间而持续增加，而对于强转动约束情况，其轴向约束力在受火 80 min 后不再增加，从而大大降低了由二阶效应引起的跨中弯矩。可以得出以下结论：对于受弯构件而言，增大其端部的转动约束度，可以从多个方面增强其火灾高温下的耐火性能。

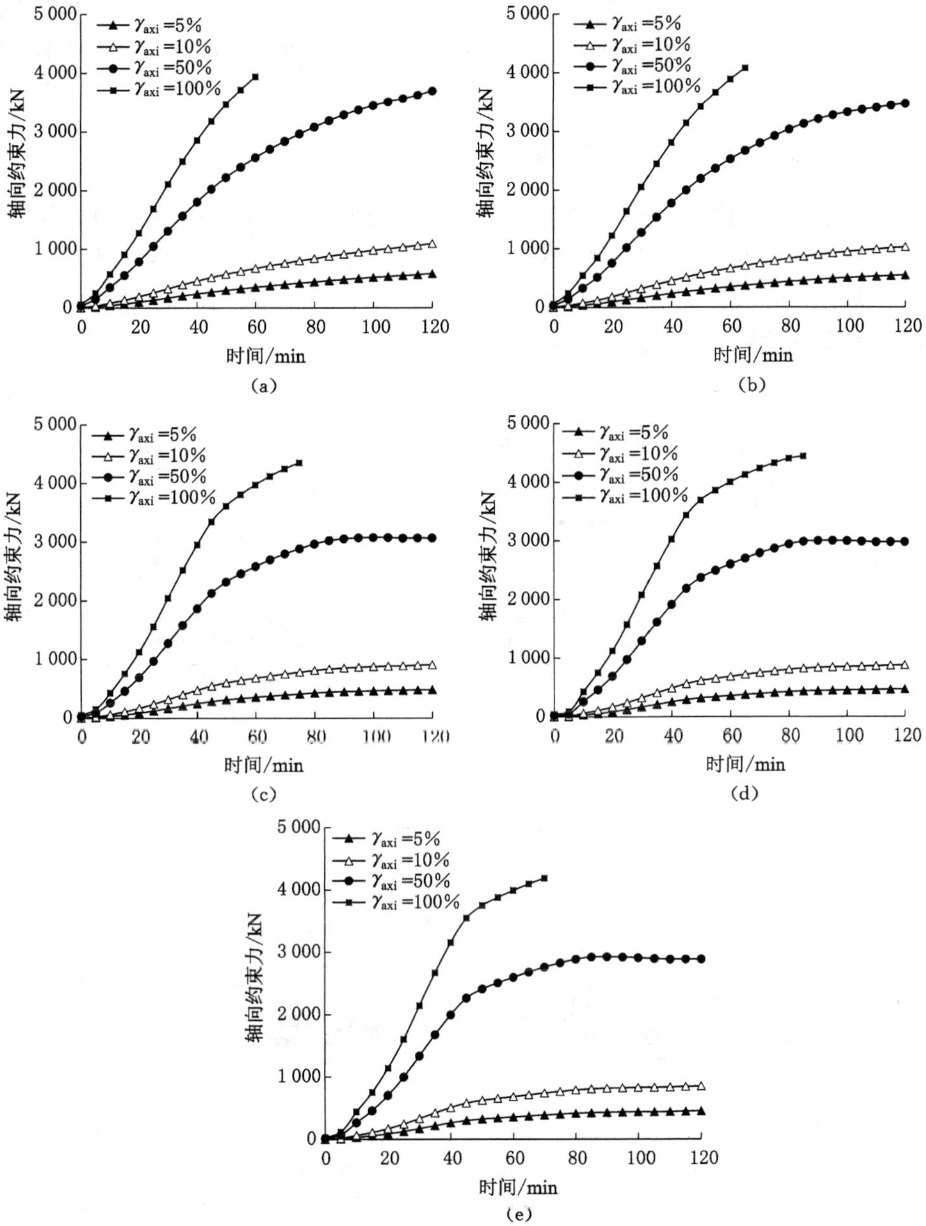

图 6-13　不同转动和轴向约束度下梁的轴向约束力随受火时间的变化

(a) 不同轴向约束度下梁的轴向约束力(γ_{rot}=5%)；(b) 不同轴向约束度下梁的轴向约束力(γ_{rot}=10%)；(c) 不同轴向约束度下梁的轴向约束力(γ_{rot}=50%)；(d) 不同轴向约束度下梁的轴向约束力(γ_{rot}=100%)；(e) 不同轴向约束度下梁的轴向约束力(γ_{rot}=固定)

(4) $\gamma_{axi}=100\%$的构件的耐火时间随着转动约束度的增大而增加，这意味着轴向约束二阶效应的影响被转动约束所限制，进一步证明了转动约束有利于提高钢筋混凝土构件的耐火性能。

6.5.2 不同约束条件下的梁端约束弯矩

为了比较不同约束条件下的梁端约束弯矩，更好地凸显转动约束度对构件的影响，将同一种轴向约束度下具有不同转动约束度梁的端部约束弯矩放到一起，如图 6-14(a)～(d) 所示，分别表示轴向约束度为 5%、10%、50%、100%下钢筋混凝土梁的端部约束弯矩随受火时间的变化。

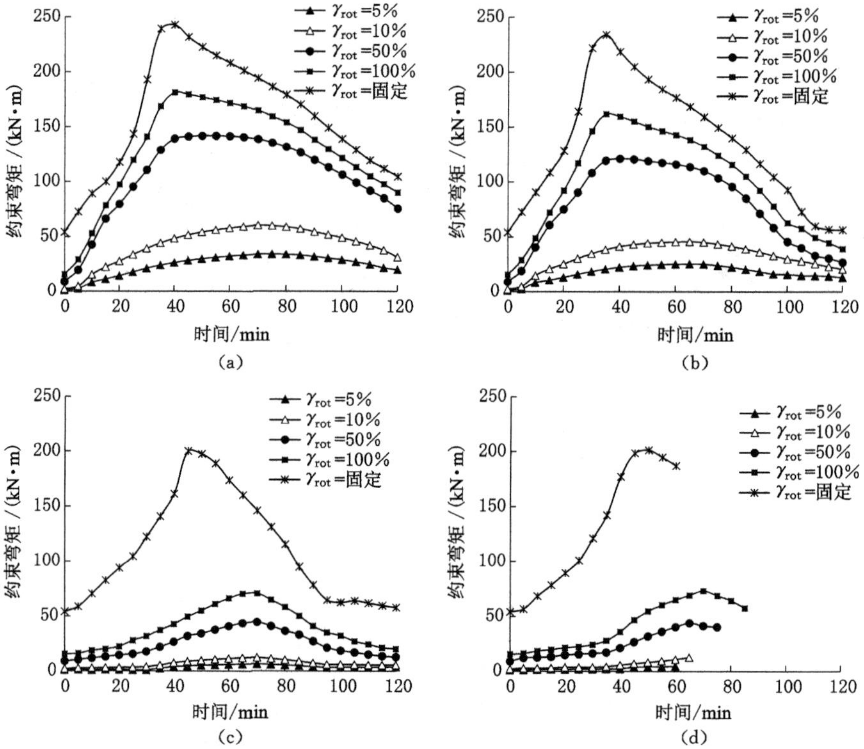

图 6-14 不同轴向和转动约束度下梁的约束弯矩随受火时间的变化

(a) 不同转动约束度下梁的约束弯矩($\gamma_{axi}=5\%$)；(b) 不同转动约束度下梁的约束弯矩($\gamma_{axi}=10\%$)；(c) 不同转动约束度下梁的约束弯矩($\gamma_{axi}=50\%$)；(d) 不同转动约束度下梁的约束弯矩($\gamma_{axi}=100\%$)

从图 6-14 中可以看出：

(1) 不同转动约束条件下的端部约束弯矩在受火初期阶段均随着受火时间而增加，受火后期趋于减小，这是由于构件在高温下抗弯刚度的降低所导致的。

(2) 从图 6-14(a)～(d)的约束力矩的比较表明，随着轴向约束度的增加，最大约束弯矩逐渐减小，并且各种转动约束曲线之间的间隙变小。从而可以得出以下结论：转动约束可以有效提高具有弱约束构件的耐火性能，但是对于强约束构件，其影响很小。

(3) 通过比较同一转动约束度的影响因素和不同的轴向约束可以看出：约束弯矩的增加受到轴向约束度的影响。较大的轴向约束度导致相对较小的端部约束弯矩峰值。轴向固定的梁尽管失效最早，但仍具有最小的约束力矩，这主要是由于压弯构件的共同作用导致的。

6.5.3 不同约束条件下梁的跨中挠度

图 6-15(a)～(d)分别表示轴向约束度为 5%、10%、50%、100%下，具有不同转动约束度的钢筋混凝土梁的跨中挠度随受火时间的变化。

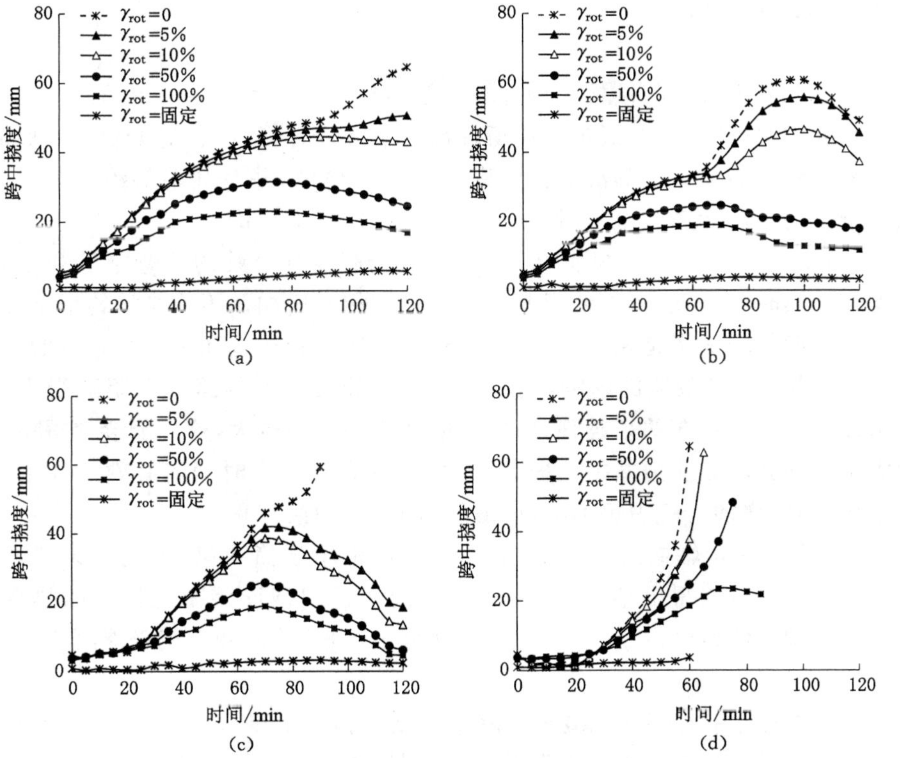

图 6-15 不同轴向和转动约束度下梁的跨中挠度随受火时间的变化

(a) 不同转动约束度下梁的跨中挠度(γ_{axi}=5%)；(b) 不同转动约束度下梁的跨中挠度(γ_{axi}=10%)；(c) 不同转动约束度下梁的跨中挠度(γ_{axi}=50%)；(d) 不同转动约束度下梁的跨中挠度(γ_{axi}=100%)

从图 6-15 中可以看出：

(1) 跨中挠度受转动约束的影响很大，对于转动约束度固定的梁，在整个受热过程中跨中挠度小于 10 mm。这再次证明了转动约束对于钢筋混凝土受弯构件的抗火性能是有利的，并且越强的转动约束具有越大的影响。

(2) 不同转动约束条件下，构件跨中挠度随着受火时间的增加先增大后减小，这主要是由于受火后期，端部转动约束弯矩随着火灾高温而增大，在轴向约束较小、二次效应不足以抵抗负弯矩增加的情况下，结构跨中弯矩减小，跨中挠度呈下降趋势。

(3) 随着轴向约束度的增加，转动约束度下的最大跨中挠度逐渐减小，较强的轴向约束会导致具有不同转动约束度的构件的变形差异较小。从而得出以下结论，转动约束对构件抗火性能的影响会被轴向约束限制。

6.6 本章小结

为了深入理解实际结构中构件端部轴向约束和转动约束对钢筋混凝土梁火灾动力响应的影响，本章通过采用所提出的非线性计算方法，对 ISO-834 标准火灾升温曲线下的典型钢筋混凝土约束梁进行了模拟，并对其端部约束进行了参数分析。通过对计算结果的对比分析，可以得出以下结论：

(1) 由于加热过程中材料性能的弱化，钢筋混凝土梁的抗弯刚度和轴向刚度均随加热时间而减小，这使得其端部约束度相对增加。不同初始约束条件下，轴向约束度的增加率是相同的，而转动约束度还受到荷载和轴向约束度的影响。

(2) 由于二阶效应的影响，受轴向约束的简支构件的跨中弯矩随受火时间的增加而增大。轴向约束越强，跨中二阶效应的弯矩越大，这可能会使得构件在火灾中达到其承载能力并提前失效。因此，提高其耐火时间的有效途径是减少其使用荷载、增加其跨中钢筋或施加适当的转动约束。

(3) 具有一定轴向约束的梁，其跨中挠度都小于简支梁，轴向约束越强，跨中挠度越小。可以得出结论，轴向约束有助于控制钢筋混凝土构件的热变形。但较强的轴向约束会由于二阶效应，增加跨中弯矩，从而降低钢筋混凝土构件的耐火时间。

(4) 轴向约束对钢筋混凝土梁跨中挠度的影响受转动约束的影响。转动约束度的增加导致最大挠度值逐渐减小，不同轴向约束构件的跨中挠度差异较小。这意味着转动约束可以制约轴向约束对钢筋混凝土受弯构件火灾行为的不利影响。

(5) 受转动约束的梁，其跨中挠度受转动约束的影响而较简支梁大大减小。

同时由于端部约束弯矩的作用，构件的极限承载力增加，这意味着转动约束有利于提高钢筋混凝土受弯构件的耐火性能，并且转动约束强度越大，其有利作用越强。

(6) 转动约束有利于提高钢筋混凝土受弯构件的抗火性能，而这种有利影响受轴向约束的制约。随着轴向约束的增加，具有不同转动约束的构件之间极限承载能力和火灾动力响应的差异都变得更小，由此可以推出，轴向约束度的增加可以降低转动约束对构件动力响应的影响。

7 结　　语

本书介绍了具有端部约束的钢筋混凝土受弯构件的多步迭代数值计算方法，并且通过既有试验数据验证了该方法的有效性。推导了整体框架结构中钢筋混凝土梁的端部约束随受火时间的变化规律，并且基于MATLAB编程，对不同约束工况下钢筋混凝土梁耐火性能进行了数值模拟，分析了约束对钢筋混凝土受弯构件耐火性能的影响，提出了具有端部约束钢筋混凝土梁的抗火措施。通过以上研究，得出了以下几点结论：

(1) 介绍了基于有限元的截面温度场的计算方法。对不同火灾升温曲线引起的构件截面温度场进行了对比分析，结果表明：不同火灾场景下，升温过程对构件截面温度场的分布形状影响不大，而是对构件截面的最高温度有直接的影响。

(2) 开发了基于多步迭代计算方法的钢筋混凝土受弯构件的计算分析程序。在截面温度场计算的基础上，结合钢筋和混凝土材料的高温力学模型，建立了截面分析的轴力和弯矩平衡方程，提出了等效刚度的概念，求解刚度方程，计算构件在高温下的位移。通过既有简支单向板和连续单向板的火灾试验数据的验证，计算结果与试验结果吻合良好，验证了该方法对于考虑端部约束的钢筋混凝土受弯构件在常温和高温工况下结构承载力和位移计算的有效性。该方法计算便捷，计算过程准确，计算结果真实可靠，为进一步分析钢筋混凝土结构的火灾行为奠定了基础。

(3) 研究了钢筋混凝土梁端部约束的变化机理，提出了简化计算方法。基于李国强教授在常温下整体结构中构件端部约束的简化方法的基础上，进行了高温场景的修正，基于不同的火灾场景和火灾蔓延情况，逐个分析火灾对整体结构中构件的影响。结果表明：当火灾在多层框架的一个房间发生的工况下，各位置梁端的转动约束刚度和轴向约束刚度均呈现出下降的趋势，且随受火时间下降速率先快后慢。位于结构边跨的梁相对于结构中间的梁，其端部约束刚度下降得更快。

(4) 对三组具有不同端部约束的钢筋混凝土梁模型进行火灾行为计算：① 只受到不同约束刚度的轴向约束的构件；② 只受到不同约束刚度的转动约

束的构件；③ 既有轴向约束，又有转动约束的构件。所有构件均受火 2 h(ISO-834 标准火灾曲线下)，对比分析了端部约束对钢筋混凝土梁耐火性能的影响。对比结果表明：

a. 对于只受到轴向约束的构件，由于二阶效应的影响，结构在火灾升温过程中跨中弯矩较简支构件有明显的增加，从而加速了结构在火灾中的破坏进程。因此，可以通过减少跨中弯矩、增加抗弯配筋、增加轴向约束度等措施提高结构的抗火性能。

b. 对于只受到转动约束的构件，端部约束弯矩随火灾温度的升高而增加，同时降低了跨中受弯破坏的风险，限制了跨中挠度随火灾的发展，极大地增强了结构的抗火性能。在端部转动约束较强的情况下，构件端部会率先进入塑性铰状态，因此，此时增加构件端部抵抗负弯矩的钢筋可以有效提高结构的抗火性能。

c. 对于同时受到转动约束和轴向约束的构件，构件的变形受到较大的约束，跨中破坏的风险大大减小，而轴向约束度的增加会减弱转动约束对结构抗火的有利影响。同时随着轴向约束力的增加，构件端部截面处于压弯破坏状态，而由于其受火面为受压区，因此加速了构件端部的破坏，使得结构在火灾中率先在两个约束端部发生破坏，从而降低了结构的耐火性能。此时，增加构件端部的保护层厚度，端部连接处使用高性能混凝土或者采取防火保护措施可以有效提高结构的抗火性能。

本书的创新点为：

(1) 提出了基于多步迭代方法的钢筋混凝土受弯构件常温和高温计算的数值计算方法，并且通过既有试验验证，认为该方法准确有效并简单实用。

(2) 基于常温下钢筋混凝土框架中构件端部约束的简化计算方法，提出了不同火灾场景下，钢筋混凝土梁端部约束的简化计算方法。

(3) 基于多步迭代计算方法，对具有不同端部约束的钢筋混凝土梁的火灾行为进行了参数分析，揭示了端部约束对构件耐火性能的影响机理。

上述研究方法和相应的参数分析，为复杂钢筋混凝土结构火灾行为的分析奠定了基础。作者认为以下几个方向仍然需要进一步的研究：

(1) 不同截面形式钢筋混凝土构件的计算分析。尽管本书中方法的介绍和算例分析都是矩形截面，但是该方法同样适用于不同截面形式的钢筋混凝土构件。因此，在今后的研究中，可以继续分析不同截面形式的钢筋混凝土构件的火灾行为，如 T 型梁、圆形构件、钢筋混凝土混合构件等，同时还可以将该方法拓展到不同受力形式的构件，如受压构件、压弯构件等。

(2) 高性能混凝土的高温爆裂及瞬态应变对结构响应的影响。本书统计并且对比分析了不同混凝土材料的高温本构关系模型，但是并没有给出不同的材料模型对结构和构件耐火性能的影响分析，尤其是混凝土高温瞬态应变，高性能混凝土的高温爆裂问题等对钢筋混凝土受压构件火灾动力响应的影响，值得进行进一步深入的分析。

（3）钢筋混凝土子结构和钢筋混凝土结构火灾行为的研究。本书虽然考虑了不同约束工况对钢筋混凝土梁火灾行为的影响，但是仍然只是集中在构件的角度去分析，具有一定的局限性。端部约束对构件有影响，反过来构件本身的火灾响应对周围约束具有反作用，而这种作用需要在子结构或者整体结构中去研究。

（4）钢筋混凝土结构火灾试验研究。理论模型的分析，始终是基于理想的材料高温本构关系、温度场分析以及既定的结构计算的假设基础上的，仍然不能完全取代实际结构火灾试验研究。因此，有必要开展具有端部约束的钢筋混凝土构件甚至结构的火灾试验，进一步验证和优化理论模型和数值计算方法。

（5）高温冷却后一段时间内钢筋混凝土结构强度的恢复。目前国内外学者对于钢筋混凝土结构的火灾升降温全过程的耐火性能进行了深入的研究，取得了较多的研究成果。然而对于冷却后一段时间内结构强度的恢复过程以及恢复后结构的承载能力和可靠性的评估方面的研究较少，有待进一步的深入研究。

参 考 文 献

[1] 公安部消防局.中国消防年鉴:2015 [M].昆明:云南人民出版社,2016.

[2] INTERNATIONAL ASSOCIATION OF FIRE AND RESCUE SERVICES. World Fire Statistics: Information bulletin of the world[R]. [s. l.]: State Fire Academy of Emercom of Russia, 2007-2010.

[3] 路春森.建筑结构耐火设计[M].北京:中国建材工业出版社,1995.

[4] 李国强,吴波,韩林海.结构抗火研究进展与趋势[J].建筑钢结构进展,2006,8(1):1-13.

[5] FRANK FINGERLOOS. Buchbesprechung: fib Bulletin 38: Fire design of concrete structures-materials, structures and modelling[J]. Beton-und stahlbetonbau, 2007, 102(9): 662.

[6] STANDARD BRITISH. Fire tests on building materials and structures-part 20: method from determination of the fire resistance of elements of construction: BS476 3 [S/OL]. [2017-4-8]. https://wenku.baidu.com/view/a67cfcea551810a6f5248676.html? sxts=1563837282716.

[7] LIM L C S. Membrane action in fire exposed concrete floor systems[D]. Christchurch: University of Canterbury, 2003.

[8] LIM L, BUCHANAN A H, MOSS P J. Restraint of fire-exposed concrete floor system[J]. Fire and materials, 2010, 28: 95-125.

[9] KODUR V K R, DWAIKAT M B. Effect of fire induced restraint on fire resistance of reinforced concrete beams[J]. Structural fire engineering, 2010, 1(2): 73-88.

[10] KODUR V K R, DWAIKAT M B. Design equation for predicting fire resistance of reinforced concrete beams[J]. Engineering structure, 2011, 33: 602-614.

[11] FRANSSEN J M. SAFIR: a thermal/structural program for modeling structures under fire[J]. Engineering journal, 2005, 42(3): 143-150.

[12] BERNHART D. The effect of supporting conditions on the fire resistance

of a reinforced concrete beam[R]. Christchurch:University of Canterbury,2004:147.

[13] ANDERBERG Y, FORSEN N E. Fire resistance of concrete structures [R]. Lund:Lund Institute of Technology,Division of Structural Mechanics and Concrete Construction,1982.

[14] ISSEN L A,GUSTAFERRO A H,CARLSON CC. Fire Tests of concrete members:an improved method for estimating thermal Restraint Forces [C]//STP464-EB Fire Test Performance. West Conshohocken,PA,1970:153-185.

[15] COOKE G M E. Results of tests on end-restrained reinforced concrete floor strips exposed to standard fires[R]. Report Prepared for the Construction Directorate of the Department of the Environment. Hertfordshire:Fire Research Station,1993.

[16] 韩蕊,王广勇,薛素铎,等.受轴向约束钢筋混凝土 T 形简支梁耐火性能研究[J].建筑科学,2016,32(9):34-40.

[17] PAOLO R. Structural behavior of continuous beams and frames. fire design of concrete structures-structural behavior and assessment:fib bulletin 46[S].Lausanne: International Federation for Structural Concrete. 2008:159-214.

[18] 陈东生,何沛祥.高温下钢筋混凝土框架结构变形和内力的数值分析[J].安徽建筑大学学报,2010,18(5):18-22.

[19] 王广勇,韩林海.局部火灾下钢筋混凝土平面框架结构的耐火性能研究[J].工程力学,2010,27(10):81-89.

[20] 王广勇,韩林海,余红霞.钢筋混凝土梁-钢筋混凝土柱平面节点的耐火性能研究[J].工程力学,27(12):164-173.

[21] 卢锦钟.高温下约束混凝土子框架的框架梁内力研究[J].佛山科学技术学院学报(自然科学版),2013,31(6):18-23.

[22] EUROPEAN COMMITTEE FOR STANDARDIZATION. Eurocode 2: design of concrete structures-part 1-1:general rules and rules for buildings:EN 1992-1-1[S]. Brussels:European Committee for Standardization, 2004.

[23] EUROPEAN COMMITTEE FOR STANDARDIZATION. Eurocode 2: design of concrete structures-part 1-2:general rules-structural fire design: EN 1992-1-2[S]. Brussels:European Committee for Standardization 2004.

[24] INTERNATIONAL FEDERATION FOR STRUCTURAL CONCRETE. Durability-design for fire resistance-member design-maintenance-assessment of repai-practical aspect: fib bulletin 3[S]. Lausanne: International Federation for Structural Concrete. 1999.

[25] TAERWE L,BAMONTE P,BOTH K,et al. Fire design of concrete structures-structural behaviour and assessment: state-of-the-art report[R]. Lausanne: Fib Bulletin 46,International Federation for Structural Concrete,2008.

[26] ACI COMMITTEE. Standard method for determining fire resistance of concrete and masonry construction assemblies: ACI216. 1[S]. Detroit: American Concrete Institute,2007.

[27] INTERNATIONAL CODE COUNCIL. International building code: IBC 2006[S]. Falls Church,VA:International Code Council,2006.

[28] WILSON E L,NICKED R E. Application of the finite element method to heat conduction analysis[J]. Journal of nuclear engineering and design, 1996,4(10):276-286.

[29] BATHE K J. Finite element procedures in engineering analysis[M]. New Jersey:Prentice Hall,1982.

[30] CHURCH J G,CLARK L A. The effect of combined thermal and force loads on the behavior of reinforced concrete beams[J]. Journal of structural engineering,1988,66(16):262-267.

[31] HUANG Z,PLATTEN A. Non-linear finite element analysis of planar reinforced concrete members subjected to fires[J]. ACI structural journal, 1997,94(3):272-282.

[32] HUANG Z,PLATTEN A,ROBERTS J. Non-linear finite element model to predict temperature histories within reinforced concrete in fires[J]. Building and environment,1996,31(2):109-118.

[33] 王勇,董毓利. 火灾下混凝土双向板非线性分析[M]. 徐州:中国矿业大学出版社,2015.

[34] 查晓雄,钟善桐. 钢筋混凝土受压构件三面受火时非线性分析[J]. 华中科技大学学报(自然科学版),2002,30(7):92-94.

[35] ZHA X X.Three-dimensional non-linear analysis of reinforced concrete members in fire[J]. Building and environment,2003,38:297-307.

[36] 屈立军. 火灾时钢筋混凝土受弯构件承载力计算[J]. 建筑技术,1996,23(12):828-830.

[37] HAN L H, ZHENG Y Q, TAO Z. Fire Performance of steel-reinforced concrete beam-column joints[J]. Magazine of concrete research, 2009, 61(7): 499-518.

[38] 韩林海,宋天诣. 钢-混凝土组合结构抗火设计原理[M]. 北京:科学出版社,2012.

[39] RIVA P. Structural behavior of continuous beams and frames. fire design of concrete structures-structural behavior and assessment: fib bulletin 46[S]. Lausanne: International Federation for Structural Concrete, 2008: 32-54.

[40] RIVA P, FRANSSEN J M. Non-linear and plastic analysis of RC beams subjected to fire[J]. Structural concrete, 2008, 1(9): 32-43.

[41] RIVA P. Nonlinear and plastic analysis of reinforced-concrete beams[C]//Proceedings of the workshop Fire Design of Concrete Structures: What now? What next? Milan, 2004: 147-158.

[42] RIVA P. Parametric study on the behavior of RC beams and frames under fire conditions. fib guidelines for the structural design of concrete buildings exposed to fire[M]. Lausanne: International Federation for Structural Concrete, 2002.

[43] 唐贵和,吴波,文波. 时变约束混凝土梁的升降温全过程内力分析[J]. 华中科技大学学报(自然科学版), 2015(1): 39-44.

[44] FRANSSEN J M, KODUR V K R, MASON J. User's manual for SAFIR2001: a computer program for analysis of structures at Elevated temperature conditions[R]. Belgium: University of Liege, 2000.

[45] XAVIER H F, FARIA R, REAL P V. Influence of thermal elongation of beams on the fire resistance of RC Frames[C]//International Conference on Structures in Fire. East lansing, America, 2010.

[46] LIM L, BUCHANAN A, MOSS P, et al. Computer modeling of reinforced concrete slab in fire condition[J]. Journal of structural engineering, 2004, 130(12): 1964-1971.

[47] LIM L, BUCHANAN A, MOSS P. Numerical modelling of two-way reinforced concrete slabs in fire[J]. Engineering structures, 2004, 26: 1081-1091.

[48] 吴波,乔长江. 约束混凝土梁的升降温全过程轴力分析[J]. 建筑科学与工程学报, 2010, 27(1): 12-20.

[49] WU B, LU J Z. A numerical study of the behaviour of restrained RC beams at elevated temperatures[J]. Fire safety journal, 2009, 44(4): 522-531.

[50] 吴波，卢锦钟. 约束钢筋混凝土框架的耐火性能试验研究[J]. 土木工程与管理学报，2009，26(1)：12-18.

[51] TERRO M J. Numerical modeling of the behavior of concrete structures in fire[J]. ACI structural journal，1998，95 (2)：183-193.

[52] HUANG Z，BURGESS I W，PLANK R J. Three-dimensional analysis of reinforced concrete beam-column structures in fire[J]. Journal of structural engineering，2009，135 (10)：1201-1212.

[53] HUANG Z，BURGESS I W，PLANK R J. Nonlinear analysis of reinforced concrete slabs subjected to fire[J]. ACI structural journal，1999，96 (1)：127-135.

[54] CAI J，BURGESS I，PLANK R. A generalized steel/reinforced concrete beam-column element model for fire conditions[J]. Engineering structures，2003，25：817-833.

[55] 陆洲导，朱伯龙. 钢筋混凝土框架火灾反应分析[J]. 土木工程学报，1995，6：18-27.

[56] LU Z D，ZHU B L. Response analysis of reinforced concrete beam exposed to fire loads[J]. Fire safety science，1996，5 (2)：36-45.

[57] LU Z D，ZHU B L，ZHOU Y H. Experimental study on fire response of simple supported reinforced concrete beams[J]. China civil engineering journal，1993，26(3)：47-54.

[58] YANG J P，SHI X D，GUO Z H. Comparison of the mechanical behavior between RC eccentrically compression members heated on two and three surfaces[J]. Industrial construction，2000，30(6)：27-34.

[59] BRATINA S，SAJE M，PLANINC I. The effects of different strain contributions on the response of RC beams in fire[J]. Engineering structures，2006，29：418-430.

[60] BRATINA S，PLANINC I，SAJE M，et al. Non-linear fire-resistance analysis of reinforced concrete beams[J]. Structural engineering and mechanics，2003，16(6)：695-712.

[61] DWAIKAT M B，KODUR V K R. Response of restrained concrete beams under design fire exposure[J]. Journal of structural engineering，2009，135 (11)：1408-1417.

[62] KODUR V K R，DWAIKAT M B. Performance-based fire safety design of reinforced concrete beams[J]. Fire protection engineering，2008，17(3)：

293-320.

[63] DWAIKAT M B,KODUR V K R. A numerical approach for modeling the fire induced restraint effects in reinforced concrete beams[J]. Fire safety journal,2008,43(4):291-307.

[64] KODUR V K R,DWAIKAT M B. Flexural response of reinforced concrete beams exposed to fire[J]. Structural concrete,2008,1(9):45-54.

[65] KODUR V K R,DWAIKAT M B. A numerical model for predicting the fire resistance of reinforced concrete beams[J]. Cement and concrete composites, 2007; 8(4):1-13.

[66] 乔长江. 升降温全过程混凝土梁截面抗弯承载力分析[J]. 科学技术与工程,2009,9(24):7554-7556.

[67] ASTM INTERNATIONAL. Test methods for fire tests of building construction and materials:ASTM E 119-00a[S]. West Conshohocken,PA:ASTM International,2000.

[68] 陈礼刚. 钢筋混凝土板受火性能的试验研究[D]. 西安:西安建筑科技大学,2004.

[69] 高立堂. 无粘结预应力混凝土板火灾行为的试验研究及热弹塑性有限元分析[D]. 西安:西安建筑科技大学,2003.

[70] 吴波,林忠明. 具有端部约束的碳纤维布加固混凝土梁耐火性能试验研究[J]. 建筑结构学报,2009,30(6):34-43.

[71] 肖建庄. 高性能混凝土深梁火灾反应及火后抗剪性能[J]. 结构工程师,2008,24(5):112-118.

[72] LIU F T,WU B,WEI D M. Failure modes of reinforced concrete beams strengthened with carbon fiber sheet in fire[J]. Fire safety journal,2009,44(7):941-950.

[73] 刘钦,贾辰,曹梦娇,等. 钢筋混凝土约束梁高温后力学性能的实验研究[J]. 武汉理工大学学报,2012,34(12):108-112.

[74] WANG Y C. An analysis of the global structural behaviour of the Cardington steel-framed building during the two BRE fire tests[J]. Engineering structures,2000,22(5):401-412.

[75] 时旭东,过镇海. 高温下钢筋混凝土框架的受力性能试验研究[J]. 土木工程学报,2000,33(1):36-45.

[76] 姚亚雄,朱伯龙. 钢筋混凝土框架结构抗火试验研究[J]. 同济大学学报(自然科学版),1996(6):619-624.

[77] DING J, WANG Y C. Experimental study of structural fire behaviour of steel beam to concrete filled tubular column assemblies with different types of joints[J]. Engineering structures, 2008, 29(12): 3485-3502.

[78] DING J, WANG Y C. Temperatures in unprotected joints between steel beams and concrete-filled tubular columns in fire[J]. Fire safety journal, 2009, 44(1): 16-32.

[79] 谭清华. 火灾后型钢混凝土柱、平面框架力学性能研究[D]. 北京：清华大学，2012.

[80] 邱俊男. 地铁车站火灾响应研究和抗火设计体系[D]. 上海：同济大学，2015.

[81] RING T, ZEIML M, LACKNER R. Underground concrete frame structures subjected to fire loading: part Ⅰ—large-scale fire tests[J]. Engineering structures, 2014, 58: 175-187.

[82] RING T, ZEIML M, LACKNER R. Underground concrete frame structures subjected to fire loading: part Ⅱ—re-analysis of large-scale fire tests[J]. Engineering structures, 2014, 58: 188-196.

[83] 姚亚雄，朱伯龙. 钢筋混凝土框架结构火灾反应分析[J]. 同济大学学报(自然科学版)，1997(3): 255-261.

[84] 吴波，何喜洋. 高温下钢筋混凝土框架的内力重分布研究[J]. 土木工程学报，2006, 39(9): 54-61.

[85] 吴波，何喜洋. 高温下钢筋混凝土中框架的变形研究[J]. 自然灾害学报，2006, 15(2): 99-106.

[86] 朱国朋. 钢筋混凝土框架结构火灾反应实用分析方法研究[D]. 长沙：中南大学，2009.

[87] 陈适才，陆新征，任爱珠，等. 基于纤维梁模型的火灾下多层混凝土框架非线性分析[J]. 建筑结构学报，2009, 30(6): 44-53.

[88] 卢锦钟. 高温下约束混凝土子框架的框架梁内力研究[J]. 佛山科学技术学院学报(自然科学版)，2013, 31(6): 18-23.

[89] 周侃，韩林海，宋天诣. 钢管混凝土柱-RC 梁平面框架耐火性能分析[J]. 工程力学，2014, 31(s1): 41-45.

[90] 陈东生. 钢筋混凝土框架结构高温响应的数值分析[D]. 合肥：合肥工业大学，2010.

[91] 夏敏，余江滔，陆洲导. 火灾后空间混凝土框架结构的受力性能模拟[J]. 防灾减灾工程学报，2015, 35(3): 378-384.

[92] 王广勇，韩林海，余红霞. 钢筋混凝土梁-钢筋混凝土柱平面节点的耐火性

能研究[J]. 工程力学,2010,27(12):164-173.
[93] 王广勇,刘广伟,李玉梅. 火灾下型钢混凝土平面框架的破坏机理[J]. 工程力学,2012,29(12):156-162.
[94] ELNAZ T,MAHMOOD M T,FARSHAD Z,et al. Comparative study on the behaviour of buckling restrained braced frames at fire[J]. Journal of constructional steel research,2014,102:1-12.
[95] LIE T T. Structural fire protection:ASCE Manuals and Reports of Engineering Practice[M]. New York:American Society of Civil Engineers,1992.
[96] LIE T T,CELIKKOL B. Method to calculate the fire resistance of circular reinforced concrete columns[J]. ACI material journal,1991,81(1):84-91.
[97] 朱伯龙,陆洲导,胡克旭. 高温(火灾)下混凝土与钢筋的本构关系[J]. 四川建筑科学研究,1991,17(1):37-43.
[98] 钮宏,陆洲导,陈磊. 高温下钢筋与混凝土本构关系的试验研究[J]. 同济大学学报,1990,18(3):287-297.
[99] 任红梅. 高性能混凝土剪力墙火灾反应理论分析与抗火设计[D]. 上海:同济大学,2006.
[100] ANDERBERG Y,THELANDERSSON S. Stress and deformation characteristics of concrete at high temperatures:experimental investigation and material behaviour model:Bulletin 54[S]. Sweden (Lund):Lund Institute of Technology,1976.
[101] KODUR V K R,PHAN L. Critical factors governing the fire performance of high strength concrete systems[J]. Fire safety journal,2007,42:482-488.
[102] KODUR V K R. Guidelines for fire resistance design of high strength concrete columns[J]. Journal of fire protection engineering,2005,15(2):93-106.
[103] TAO J,YUAN Y,TAERWE L. Compressive strength of self-compacting concrete during high-temperature exposure[J]. Journal of materials in civil engineering,2010,22(10):1005-1011.
[104] 过镇海,时旭东. 钢筋混凝土的高温性能及其计算[M]. 北京:清华大学出版社,2003.
[105] TAO J,YUAN Y,TAERWE L. Thermal stress-strain of self-compacting concrete in compression[J]. Fire mater,2012,37(3):187-199.
[106] TOKOYODA M,YAMASHITA H,TOYODA K,et al. An experimental

study of transient strain for a concrete with limestone aggregate[C]//Proceedings of the International Workshop: Fire Design of Concrete Structures, from Materials Modelling to Structural Performance. Portugal: University of Coimbra, 2007: 105-114.

[107] HIRASHIMA T, TOYODA K, YAMASHITA H, et al. Compression of high-strength concrete cylinders at elevated temperature[C]//Proceedings of the International Workshop: Fire Design of Concrete Structures, from Materials Modelling to Structural Performance. Portugal: University of Coimbra , 2007: 47-58.

[108] ANNEREL E, DE SCHUTTER G. Microstructure and aesthetic appearance of SCC[C]//Proceedings of the Fifth International RILEM Symposium. Ghent, 2007: 381-386.

[109] KHOURY G A, ANDERBERG Y. Concrete spalling review[J]. Fire safety design, 2000, 6(60): 1-60.

[110] KHOURY G A, et al. Mechanical behavior of HPC and UHPC concretes at high temperature in compression and tension[R]. Chicago: ACI International Conference on State-of-Art in High Performance Concrete, 1999.

[111] KHOURY G A, GRAINGER B N, SULLIVAN P J E. Strain of concrete during first heating to 600°C under load[J]. Magazine of concrete research, cement and concrete association, 1985, 37(133): 195-215.

[112] SCHNEIDER U. Concrete at high temperatures-a general review[J]. Fire safety journal, 1988, 13(1): 55-68.

[113] SCHNEIDER U. Properties of materials at high temperatures-concrete[R]. Kassel: Department of Civil Engineering, University of Kassel, 1985.

[114] ANNEREL E. Assessment of the residual strength of concrete structures after fire exposure[D]. Ghent: Ghent University. 2010.

[115] 柳献，袁勇，叶光，等. 高性能混凝土高温爆裂的机理探讨[J]. 土木工程学报，2008，41(6)：61-68.

[116] KALIFA P, MENNETEAU F D, QUENARD D. Spalling and pore pressure in HPC at high temperature[J]. Cement and concrete research, 2000, 30(12): 1915-1927.

[117] ANDERBERG Y. Spalling phenomenon of HPC and OC[C]//Proceedings of the International Workshop on Fire Performance of High Strength Concrete. Gaithersburg, MD, 1997: 69-75.

[118] KODUR V K R. Spalling in high strength concrete exposed to fire-concerns, causes, critical parameters and cures[R]. Philadelphia, USA: ASCE Structures Congress Proceedings, 2000: 1-8.

[119] DWAIKAT M B, KODUR V K R. Hydrothermal model for predicting fire induced spalling in concrete structural systems[J]. Fire safety journal, 2008, 44(3): 425-434.

[120] EUROPEAN CONVENTION FOR CONSTRUCTIONAL STEELWORK. European recommendations for the fire safety of steel structures: ECCS-TC3[S]. Brussels: Elsevier Science Ltd., 1983.

[121] BSI. Structural use of steel work in building part 8-code of practice for fire resistance design: BS 5950[S]. London: British Standard Institution, 1990.

[122] EUROPEAN COMMITTEE FOR STANDARDIZATION. Eurocode 3: design of steel structures: EN 1993-1-8[S]. Brussels: European Committee for Standardization. 2005.

[123] NAJJAR S R, BURGESS I W. A nonlinear analysis for three-dimensional steel frames in fire conditions[J]. Engineering structure, 1995, 18(1): 77-89.

[124] CHIANG C H, TSAI C L. Time-temperature analysis of bond strength of a rebar after fire exposure [J]. Cement and concrete research, 2003, 33: 1651-1654.

[125] EI-HAWARY M M, HAMOUSH S A. Bond shear modulus of reinforced concrete at high temperatures[J]. Engineering fracture mechanics, 1996, 55 (6): 991-999.

[126] DUEDERICHS V, SCHNEIDER V. Bond strength at high temperature [J]. Magazine of concrete research, 1981, 33(115): 75-84.

[127] ABBASI A, HOGG P J. Temperature and environmental effects on glass fiber rebar: modulus, strength and interfacial bond strength with concrete[J]. Composites: part B engineering, 2005, 36: 394-404.

[128] HADDAD R H, SHANNIS L G. Post-fire behavior of bond between high strength pozzolanic concrete and reinforcing steel[J]. Construction and building materials, 2004, 18 (4): 425-435.

[129] NATIONAL FIRE PROTECTION ASSOCIATION. Standard for road tunnels, bridges, and other limited access highways: NFPA 502 [S]. Quincy: National Fire Protection Association. 2014.

[130] EUROPEAN COMMITTEE FOR STANDARDIZATION. Eurocode 1: actions on structures- part 1-2:general actions-actions on structures exposed to fire:BS. EN 1991-1-2[S]. Brussels:CEN,2002.

[131] 李国强,杜咏. 实用大空间建筑火灾空气升温经验公式[J]. 消防科学与技术,2005,24(3):283-287.

[132] 同济大学,中国钢结构协会防火与防腐分会. 建筑钢结构防火技术规范[M]. 北京:中国计划出版社,2006.

[133] NATIONAL FIRE PROTECTION ASSOCIATION. Fire prevention code:NFPA 1-2015[S]. Quincy,MA:NFPA,2015.

[134] CAJOT L G,SCHLEICH J B. Natural fire safety for buildings[C]// International Conference on Safety,Risk and Reliability-Trends in Engineering. Malta,2001:359-368.

[135] ROSENBAUM E. SFPE Engineering guide to performance-based fire protection analysis and design of buildings[M]. Bethesda:Society of fire protection engineers,2000.

[136] MCGRATTAN K,FORNEY G. Fire Dynamics Simulator (Version 4) User's Guide[M]. Washington:U. S. Government Printing Office,2004.

[137] YUAN Y,CUI Y X,QIU J N,et al. Fire scenario research of performance-based fire design for underground structure[C]//The 6th International Conference on Protection of Structures Against Hazards. Tianjin, China,2014.

[138] LU L L,YUAN G L,HUANG Z H,et al. Performance-based analysis of large steel truss roof structure in fire[J]. Fire safety journal,2017,93: 21-38.

[139] LIE T T. A procedure to calculate fire resistance of structural members [R]. International Seminar on Three Decades of Structural Fire Safety, 1983:139-153.

[140] BUCHANAN A H. Structural Design for Fire Safety[M]. West Sussex: John Wiley & Sons,2001.

[141] 刘永军. 火灾下建筑构件内温度场数值模拟基础[M]. 北京:科学出版社,2006.

[142] DE WITTE F C. DIANA finite element analysis,user's manual release 8.1,TNO building and construction research[M]. Delft:TNO DIANA BV,2002.

[143] MINNE R, VANDAMME M. Fire resistance of reinforced concrete slabs [M]. Gent: Ghent University, 1979.

[144] 王开强, 李国强, 汤文科. 梁在框架结构中的约束刚度研究[J]. 建筑结构, 2011(1): 91-94.

[145] LU L M, YUAN Y, ANNEREL E, et al. A simplified multi-iteration method for restrained beams under fire[J]. Material and structures, 2015, 48(1): 9-19.

[146] CARLSON C C, SELVAGGIO S L, GUSTAFERRO A H. A review of studies of the effect of restraint on the fire resistance of prestressed concrete: bulletin 206[R]. Skokie, Illinois: Portland Cement Association Research and Development Laboratories, 1965.

[147] SELVAGGIO S L, CARLSON C C. Effect of restraint on fire resistance of prestressed concrete[M]. Philadelphia: American Society for Testing and Materials, 1963: 1-25.

[148] GUSTAFERRO A H, MARTIN L D. Design for fire resistance of precast prestressed concrete[M]. Illinois: Prestressed Concrete Institute, 1988.

[149] GUSTAFERRO A H, MARTIN L D. PCI Design for fire resistance of precast prestressed concrete[M]. Illinois: Prestressed Concrete Institute, 1977.

[150] ELLINGWOOD B, LIN T D. Flexure and shear behavior of concrete beams during fires[J]. Journal of structural engineering, 1991, 117(2): 440-458.

[151] ELLINGWOOD B, SHAVER J R. Effects of fire on reinforced concrete members: Final Report National Burean of Standards[R]. Washington, DC, 1979.

[152] EHM H, POSTELB R. Versuche an stahlbetonkonstruktionen mit durchlaufwirkung unter feuerangriff[C]//Fire Resistance of Prestressed Concrete, Proceedings of a Symposium. Braunschweig, 1965: 24-31.

[153] MALHOLTRA H L. Design of fire-resisting structures[M]. London: Surrey University Press, 1982.